金工实习指导教程

主　编　张海军

副主编　李连进　程　佳　余庆玲

天津大学出版社

TIANJIN UNIVERSITY PRESS

内容提要

本教材面向一般院校机械及近机类本科学生。为了更好地适应一般院校教育改革的需要,本教材根据机械类及工科类相关专业的培养计划,结合当前一般院校的办学实际编写而成。

本教材共 11 章,内容包括:绪论、铸造、压力加工、焊接、钳工、切削加工基础、车削加工、铣削、刨削、磨削、特种加工及金工实习中的劳动保护和安全等。附录 1 介绍天津商业大学金工实习管理规定,附录 2 为金工实习报告。每章前面都有实习目的及要求,重要章节的最后一节是实习中的实践考核件生产工艺,便于实习厂或工程训练中心考核使用,同时便于学生预习。

本教材叙述精练,内容精选,图示丰富,实践性强,便于自学,可供机械类、近机类及工科类相关专业金工实习(实训)使用,也可作为教师、学生金工实习(实训)课程的参考用书。

图书在版编目(CIP)数据

金工实习指导教程/张海军主编. —天津:天津大学出版社,2012.5

ISBN 978-7-5618-4362-8

Ⅰ.①金… Ⅱ.①张… Ⅲ.①金属加工 – 实习 – 高等学校 – 教材 Ⅳ.①TG – 45

中国版本图书馆 CIP 数据核字(2012)第 104610 号

出版发行	天津大学出版社
出 版 人	杨欢
地 址	天津市卫津路 92 号天津大学内(邮编:300072)
电 话	发行部:022-27403647 邮购部:022-27402742
网 址	publish. tju. edu. cn
印 刷	天津泰宇印务有限公司
经 销	全国各地新华书店
开 本	185mm × 260mm
印 张	14.25
字 数	356 千
版 次	2012 年 6 月第 1 版
印 次	2012 年 6 月第 1 次
定 价	29.00 元

前　言

　　金工实习是一门实践性很强的技术基础课，也是机械类和近机类各专业学生熟悉金属加工生产过程、培养实践动手能力的必修课。金工实习不仅可以使学生熟悉机械制造的一般过程，掌握金属加工的主要工艺方法和工艺过程，熟悉各种设备和工具的安全操作和使用方法，还可以让学生养成热爱劳动、遵守纪律的好习惯，并提升学生的协作能力、实践能力、质量意识、安全意识、管理意识、团队意识等工业素质。

　　本教材除符合教学指导委员会审定的《金工实习教学大纲》的要求外，还具有以下几个鲜明的特点。

　　(1)内容精选。本教材在内容上兼顾课堂教学和实践教学，对传统的金属加工工艺进行了精选，还对当前工业生产中应用的数控加工方法和特种加工方法进行了讲解。

　　(2)叙述精练。本教材涵盖了金工实习课程要求的所有内容，并且在讲述知识点时，叙述精练，言之有物。

　　(3)重点突出。本教材在讲解中所涉及的知识点，详略得当、重点明确。

　　(4)图示丰富。本教材在讲解知识点时，配备了大量的图示，便于读者更直观、方便地理解，以提高阅读速度和降低阅读难度。

　　(5)实践性强。本教材在讲解铸造、钳工、车工、铣工、刨工和特种加工等工艺方法时，不仅讲解了每个工种的基本理论知识，还讲解了经典的实训例子，使其具有很强的实践性。

　　本教材绪论及第11章由李连进编写，第1章由余庆玲编写，第2章由程佳编写，第3章至第10章及附录1、附录2由张海军编写。本书由张海军统稿并担任主编。

　　在编写本书的过程中，编者翻阅了大量与金工实习有关的资料、教材(这些资料的作者和编者列在参考文献中)，在此向相关作者表示衷心的感谢；有一部分图及文字材料是通过网络搜索获得的，原作者或编者难以找到，在此对这些"无名者"一并感谢。由于时间仓促，编写人员水平有限，书中不尽如人意之处在所难免，恳请广大读者批评指正。

编　者

2012 年 3 月

前　言

目　　录

1

绪　论

金工实习即金属工艺学实习(金属加工制造实习)。

机械的类型很多。金属加工、建筑、运输、起重、冶金、石油、化工、纺织、食品等各行各业都离不开机械,机械制造所用的材料已从传统上的金属材料扩展到非金属材料、复合材料等各种工程材料,机械制造的工艺技术已超出了传统金属加工的范围。而这些机械在制造时,往往是按图1所示过程生产出来的。作为一个工程技术人员,对机器生产的常用材料、生产过程、工艺方法以及常用生产设备等都应具有一定的基础知识,以便在设计、使用、维修、管理方面能与生产技术更好地结合起来,发挥设备的最大效益。所以,金工实习是工科很多专业不可或缺的基础课程。

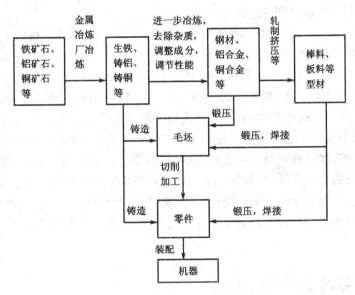

图1　机器设备的生产过程

金工实习的主要内容包括钳工、车工、铣工、刨工、磨工、铸造、锻压、焊接、数控加工、特种加工等一系列工种的实习教学。因此,学生通过金工实习可以达到如下目的。

(1)了解机械制造的一般过程,熟悉机械零件的常用加工方法及其所用主要设备和重要附件的工作原理及典型结构,掌握工具、夹具、量具的使用以及安全操作技术。

(2)对简单零件具有选择加工方法和进行工艺分析的能力,并在主要工种上具有操作实习设备并完成作业件加工制造的实践能力。

(3)了解新工艺、新技术、新材料在机械制造中的应用,较深入地了解实习所用现代制造技术设备的基本操作知识,并进行基本操作训练和应用。

(4)培养学生质量和经济观念、团体协作素质、理论联系实际的科学作风以及遵守安全技术操作、热爱劳动、爱护国家财产等基本素质;培养工程素质,提高工程实践能力;培养对工作一丝不苟、认真负责的作风和吃苦奉献的精神,以满足社会对高素质、应用型工程技术人才的需求。

因此,金工实习是离开课堂的另一种学习方式,它不是徒工的培养和一般的劳动,而是作为培养高技能型人才的工业技术基础训练。学生应按实习要求,认真实习,通过观察、操作、思考和讨论,使感性认识上升为理性认识,再在理性认识的指导下正确实践,以达到实习的目的和要求。

金工实习是一门实践性的技术基础课和工科教学计划中的重要环节,也是培养工程技术人员的基础技术训练之一,它是工科机械类学生必修的系列课程的重要组成部分。

0.1 金工实习的性质和任务

金工实习是学生学习机械制造系列课程必不可少的课程,也是获得机械制造基本知识的必修课。通过学习和操作技能训练,学生可以获得机械加工的基本知识并具备较强的动手能力,为后续课程的学习打下良好的基础。

金工实习是专业学习过程中一项重要的实践性教学环节,使学生获得工程实践的训练,通过实习使学生接触毛坯和零件加工的全过程,获得金属材料及其加工的感性认识,初步掌握某些工种的基本操作方法和使用有关设备及工具的能力。有目的地通过实践操作训练,促使学生将有关的基本理论、基本知识、基本方法与实践有机地结合在一起,为今后从事机械设计与制造工作奠定初步的实践基础,提高综合职业能力。

金工实习的主要任务是让学生接触和了解工厂生产实践,弥补实践知识的不足,增加工艺技术知识与技能,加深其对所学专业的理解,培养学习兴趣。通过实习,培养学生理论联系实际、一丝不苟的工作作风,同时使学生的综合素质不断得到提高。通过本课程的学习和操作训练,使学生掌握本专业的基本操作技能,能够正确地使用一般机械设备、常用附件、刀具和量具,能根据零件图样和工艺文件进行独立加工,以提高学生的综合职业素养和社会适应能力。

0.2 金工实习的主要内容

金工实习的主要内容包括铸造、锻压、焊接、塑性成形、钳工、车工、铣工、刨工、磨工、数控加工、特种加工、零件的热处理及表面处理等一系列工种的实习教学,使学生了解到机械产品是用什么材料制造的,机械产品是怎样制造出来的。

1. 实习基本知识

了解金属材料的分类;熟悉常用的牌号、性能和用途;掌握常用量具的使用方法。

2. 铸造

了解常用铸造的方法和成形工艺;掌握铸造工艺过程和常用的铸造设备;熟悉铸造的金属种类和零件尺寸及重量的适应范围;能够按图纸要求协助指导师傅完成简单模型的成形。

3. 锻压

了解常用锻压的成形方法;掌握锻压工艺过程和常用的锻压设备;熟悉锻压的温度范围;能够按图纸要求协助指导师傅完成简单工件的加工。

4. 焊接

了解常用的焊接方法和焊接工艺;能根据被焊工件的性质选择焊接工艺参数和检验方法以及热处理方式;能够按图纸要求独立完成简单零件的焊接。

5. 钳工

了解钳工的工艺范围、应用及安全操作规程;能够正确使用钳工的常用工具、量具;掌握钳工的一般操作方法;能按图样要求独立加工形状简单的零件或成品。

6. 车工

了解车床的型号、结构、加工工艺特点和应用,懂得车工安全操作规程;掌握车削加工的基本操作方法;正确使用车工常用的刀具、量具;能够按图样要求独立加工简单的零件。

7. 铣工

了解铣床和齿轮加工机床的型号、结构以及加工工艺特点和应用;掌握铣床的基本操作方法。

8. 刨工

了解刨床的型号与结构、加工特点和应用;掌握刨床的基本操作方法。

9. 磨工

了解磨床的型号与结构、加工特点和应用;掌握磨床的基本操作方法。

10. 数控加工和特种加工

了解数控机床的型号、结构、加工工艺特点和应用;掌握机床的编程和代码生成以及基本操作方法;能够按图样要求独立加工简单的零件。

11. 热处理

了解金属热处理的常用方法;掌握热处理的工艺过程和加热制度;熟悉热处理过程中的温度和压力检测;能够按图纸要求协助指导教师完成简单的热处理加工。

0.3　金工实习的学习方法

学生在金工实习期间,应了解金属材料的性能和机械加工的基本工艺和操作规程。特别要认真听取指导教师的讲解,注意观察实习指导教师的示范操作,注意模仿操作姿势和动作要领,然后通过自己的不断练习来掌握操作技能。实习中要始终保持高度的学习热情和求知欲望,敢于动手,勤于动手;遇到问题时,要主动向实习指导师傅请教;要善于在实践中发现问题,勤奋钻研,使自己的动手能力得到提高。

1. 充分发挥自身的主动性

金工实习与课堂教学的显著区别就是学生的实践操作成为主要的学习方式,这就更加突出学生在教学过程中的主要地位。因此,要适当地摆脱对教师和教科书的依赖,学会在实践中自主学习。在实习之前,要自觉地、有计划地预习有关实习内容,做到心中有数;在实习中,要始终保持高昂的学习热情和求知欲望,敢于动手,勤于动手,遇到问题时,要主动向指导师傅请教或与同学交流探讨;要充分利用实习时间,争取得到最大的收获。

2. 树立理论联系实际的学风

首先要充分树立实践第一的观点,放弃大学生普遍存在的"重理论、轻实践"的错误思想。在实习的初期,应该通过实习指导教师的讲解和示范以及自己的操作练习,学会使用相关的机器设备和工具,掌握一定的工艺技能,体会生产的过程和组织。然后,随着实习进程的深入和感性知识的丰富,在实践操作的过程中还要勤于动脑,使形象思维与逻辑思维相结合;要善于用学到的工艺理论知识来解决实践中遇到的各种具体问题,而不要仅仅满足于完成了实习零件的加工任务。在实习的末期或结束时,要认真总结,努力使在实习中获得的感性认识更加系统化和条理化。这样,用理论指导实践,以实践验证和充实理论,不仅可以使理论知识掌握得更牢固,而且也能使实践能力得到进一步的提高。

3.学会综合地看问题和解决问题的方法

金工实习由一系列的单工种实习组合而成,这就往往造成学生只从所实习的工种出发去看待和解决问题,从而限制了自己的思路,所以要注意防止这一现象的发生。一般说来,一件产品不会只用一种加工方法就能制造出来。因此,要学会综合地把握各个实习工种的特点,学会从机械产品生产制造的全过程来看各个工种的作用和相互联系。这样,在分析和解决实际问题的时候,就能够做到触类旁通、举一反三,对所学的知识和技能能够融会贯通地加以应用。

4.注意培养创新意识和创新能力

金工实习是同学们第一次身心投入地进行生产技术实践活动,在这个过程中,经常会遇到新鲜事物,时常会产生新奇想法,要善于把这些新鲜感与好奇心转变为提出问题和解决问题的动力,从中感悟出学习创新的方法。实践是创新的唯一源泉,要善于在实践中发现问题,勤奋钻研,永不满足,这样就一定能够使自己的创新意识和创新能力不断得到提高,以备将来做出超越前人的成果。

0.4 金工实习的教学要求

金工实习是工科专业学生在大学学习阶段中一次较集中、较系统的全方位的工程实践训练,是加强实践能力培养和开展素质教育的良好课堂,它在造就适应新世纪要求的高素质的工程技术人才的过程中,起到的作用是其他的课程难以替代的。学生在金工实习过程中,一方面参加有教学要求的工程实践训练,弥补过去在实践知识上的不足,增加在大学学习阶段所需要的工艺技术知识与技能;另一方面,通过生产实践受到工程实际环境的熏陶,增强劳动观念、集体观念、组织纪律性和敬业爱岗精神。

通过金工实习和本书的学习,要达到如下几点目的。

(1)熟悉常用金属材料的性能和主要加工方法。使学生了解现代机械制造的一般过程和基本知识,熟悉机械零件的常用加工方法及其所用的主要设备和工具,了解新工艺、新技术、新材料在现代机械制造中的应用。

(2)对毛坯制造和零件加工的工艺过程及工艺技术有一定了解。对简单零件,使学生具有初步选择加工方法和进行工艺分析的能力,在主要工种方面能独立完成简单零件的加工制造,并培养一定的工艺实验和工艺实践的能力。

(3)具有使用常用机械加工设备和工具的初步能力,可独立操作完成一般零件的加工制造。

学生在实习期间,要同时注重学习操作技能和学习工程技术知识两个方面,学会在实践中通过观察、对比、归纳、总结等方法进行学习,培养独立学习和工作的能力,奠定工程师应具备的知识和技能基础。

0.5　金工实习的安全技术

金工实习过程中要进行各种操作,加工各种不同规格的零件。因此,常要开动各种生产设备,接触到机床、砂轮机等。为了避免触电、机械伤害等工伤事故,实习过程中必须严格遵守工艺操作规程,努力做到文明安全实习,自觉遵守如下规则。

(1)严格执行安全制度,进车间必须穿好工作服。女生戴好工作帽,将长发放入帽内,不得穿高跟鞋、凉鞋。

(2)遵守劳动纪律,不迟到、不早退、不打闹、不串车间、不随地而坐、不擅离工作岗位,更不能到车间外玩耍,有事请假。

(3)实习中做到专心听讲,仔细观察,做好笔记,尊重各位指导师傅,独立操作,努力完成各项实习作业。

(4)机床操作时不准戴手套,严禁身体、衣袖与转动部位接触;正确使用砂轮机,严格按安全规程操作,注意人身安全。

(5)遵守设备操作规程,爱护设备,未经教师允许不得随意乱动车间内设备,更不准乱动开关和按钮。

(6)交接班时,认真清点工具、卡具、量具,做好保养保管工作,如有损坏、丢失按价赔偿。

(7)实习时,要不怕苦、不怕累、不怕脏,热爱劳动。

(8)每天下班擦拭机床,清整用具、工件,打扫工作场地,保持环境卫生。

(9)爱护公物,节约材料、水、电,不乱折花木、践踏绿地。

第1章 铸 造

实习目的及要求

1. 了解铸造生产的安全技术;了解砂型铸造的生产过程。
2. 了解型(芯)砂的基本组成及其主要性能;掌握模样、铸件、零件之间的异同。
3. 掌握手工造型(整模造型、分模造型、挖砂造型)的工艺方法,能独立完成一般铸件的造型。
4. 掌握分型面和浇注系统的组成和作用;了解铸件的常见缺陷类型、特征和产生的原因。
5. 了解特种铸造的基本知识。

1.1 铸造概述

铸造是一种液态金属成形方法。将金属加热到液态,使其具有流动性,然后浇入具有一定形状型腔的铸型中,液态金属在重力场或外力场(压力、离心力、电磁力等)作用下充满型腔,冷却并凝固成具有型腔形状的铸件。

铸造工艺具有以下优点。

(1)适用范围广。铸造几乎不受零件的形状复杂程度、尺寸大小、生产批量的限制,可以铸造壁厚从 0.3 mm 到 1 m、质量从几克到 300 多吨的各种金属铸件。

(2)对材料的适应性很强。铸造可适应大多数金属材料的成形,对不宜锻压和焊接的材料,铸造具有独特的优势。

(3)铸件成本低。由于铸造原材料来源丰富,铸件的形状接近于零件,可减少切削加工量,从而降低铸造成本。

其缺点也很明显,如工序多、铸件质量不稳定、废品率较高等。另外铸件的力学性能较差,又受到最小壁厚的限制,因而铸件较为笨重。为此,铸造成形工艺常用来制造形状复杂,特别是内腔复杂的零件,如复杂的箱体、阀体、叶轮、发动机汽缸体、螺旋桨等。

铸造生产方法很多,常见的有以下两类。

1)砂型铸造

这是用型砂紧实成形的铸造方法。型砂来源广泛,价格低廉,且砂型铸造方法适应性强,因而是目前生产中用得最多、最基本的铸造方法。

砂型铸造的生产工序很多,主要包括制模、配砂、造型(芯)、合型、熔炼、浇注、落砂清理和检验等。砂型铸造操作流程如图 1-1 所示,图 1-2 所示为套类零件砂型铸造生产方法。

2)特种铸造

特种铸造是与砂型铸造不同的其他铸造方法,如熔模铸造、金属型铸造、压力铸造、低压铸造和离心铸造等。

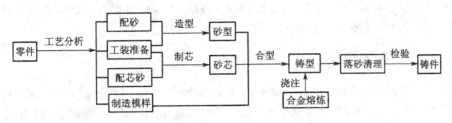

图 1-1 砂型铸造操作流程

铸造在制造业中占有极其重要的地位,铸件广泛用于机床制造、动力、交通运输、轻纺机械、冶金机械等设备。铸件重量占机器总重量的 40% ~ 85%。

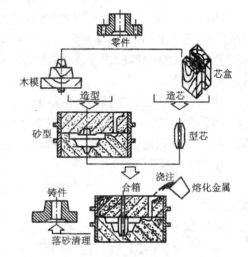

图 1-2 套类零件砂型铸造生产方法

1.2 型砂

造型材料是指用来制造砂型和砂芯的材料。用于制造砂型的材料称为型砂,用于制造砂芯的材料称为芯砂。型(芯)砂质量的好坏直接影响到铸件的质量,其质量不好会导致铸件产生气孔、砂眼、粘砂和夹砂等缺陷。

1.2.1 型(芯)砂的性能

生产中为了获得优质的铸件和良好的经济效益,对型(芯)砂性能有一定的要求。

1. 强度

型(芯)砂抵抗外力破坏的能力称为强度。它包括常温湿强度、干强度以及热强度。型(芯)砂要有足够的强度,以防止造型过程中产生塌箱和浇注时液体金属对铸型表面的冲刷破坏。

2. 成形性

型(芯)砂要有良好的成形性,包括良好的流动性、可塑性和不粘模性,铸型轮廓清晰,易于起模。

3. 耐火度

型(芯)砂承受高温作用的能力称为耐火度。型(芯)砂要有较高的耐火度,同时应有较好的热化学稳定性,较小的热膨胀率和冷收缩率。

4. 透气性

型(芯)砂要有一定的透气性,以利于浇注时产生的大量气体的排出。透气性过差,铸件中易产生气孔;透气性过高,易使铸件粘砂。另外,具有较小的吸湿性和较低发气量的型(芯)砂对保证铸造质量有利。

5. 退让性

退让性是指铸件在冷凝过程中,型(芯)砂能被压缩变形的性能。型(芯)砂退让性差,

7

铸件在凝固收缩时将易产生内应力、变形和裂纹等缺陷,所以型砂要有较好的退让性。

此外,型(芯)砂还要具有较好的耐用性、溃散性和韧性等。

1.2.2　型(芯)砂的组成

型砂和芯砂相比,由于芯砂的表面被高温金属所包围,受到的冲刷和烘烤较厉害,因此对芯砂的性能要求比型砂高。但是它们都是由原砂、黏结剂、水和附加物四部分组成的。

1)原砂

原砂的主要成分是硅砂,根据来源不同可分为山砂、河砂和人工砂。硅砂的主要成分为 SiO_2,熔点高达 1 700 ℃,因此砂中 SiO_2 含量越高,其耐火度越高。根据铸件特点,铸造用砂对原砂的颗粒度、形状和含泥量等有着不同的要求。砂粒越粗,则耐火度和透气性越好;较多角形和尖角形的硅砂透气性好;含泥量越小,透气性越好等。

2)黏结剂

用来黏结砂粒的材料称为黏结剂。常用的黏结剂有黏土和特殊黏结剂两大类。

(1)黏土。黏土是配置型砂、芯砂的主要黏结剂。用黏土作为黏结剂配置的型砂称为黏土砂。常用的黏土分为膨润土和普通黏土。湿型砂普遍采用黏结剂性能较好的膨润土,而干型砂多用普通黏土。

(2)特殊黏结剂。常用的特殊黏结剂包括桐油、水玻璃、树脂等。芯砂常选用这些特殊黏结剂。

3)附加物

为了改善型(芯)砂的某些性能而加入的材料称为附加物。如加入煤粉可以降低铸件表面、内腔的表面结构值,加入木屑可以提高型(芯)砂的退让性和透气性。

4)涂料和扑料

涂料和扑料不是配置型(芯)砂时的成分,而是涂扑在铸型表面,以降低铸件表面结构值,防止产生粘砂缺陷的物质。通常,铸铁件的干型用石墨粉和少量黏土配成的涂料,湿型用石墨粉做扑料;铸钢件采用石英粉做涂料。

1.2.3　型(芯)砂的制备

黏土砂根据在合箱和浇注时的砂型烘干与否分为湿型砂、干型砂和表干型砂。湿型砂造型后不需烘干,生产效率高,主要应用于生产中、小型铸件;干型砂要烘干,主要靠涂料保证铸件表面质量,可采用粒度较大的原砂,其透气性好,铸件不容易产生冲砂、粘砂等缺陷,主要用于浇注中、大型铸件;表干型砂只在浇注前对型腔表面用适当方法烘干,其性能兼具湿型砂和干型砂的特点,主要用于中型铸件生产。

湿型砂一般由新砂、旧砂、黏土、附加物及适量的水组成。铸铁件用的湿型砂配比(质量比)一般为旧砂 50% ~80%、新砂 5% ~20%、黏土 6% ~10%、煤粉 2% ~7%、重油 1%、水 3% ~6%。各种材料通过混制工艺使成分混合均匀,黏土膜均匀包覆在砂粒周围,混砂时先将各种干料(新砂、旧砂、黏土和煤粉)一起加入混砂机进行干混后,再加水湿混。型(芯)砂混制处理好后,应进行性能检测,对各组元的含量(如黏土的含量、有效煤粉的含量、水的含量等)、砂的性能(如紧实率、透气性、湿强度、韧性参数)进行检测,以确定型(芯)砂是否达到相应的技术要求,也可用手捏的感觉对某些性能进行粗略的判断。

1.3 造型

造型是砂型铸造的重要工序,常用的造型方法有手工造型和机器造型两种,后者制作的砂型型腔质量好、生产效率高,但只适用于成批或大批量生产。手工造型具有机动、灵活的特点,应用较为普遍。

1.3.1 铸型

铸型是依据零件形状用造型材料(制造铸型和型芯的材料)制成的。铸型按照造型材料的不同,分为砂型铸型(简称砂型)和金属型铸型。

铸型是由上、下砂型,型腔(形成铸件形状的空腔),浇注系统和砂箱等部分组成,上、下砂箱的接合面称为分型面。上、下砂箱的定位可用泥记号(单件或小批量生产)或定位销(成批或大量生产)。铸型其他组成部分参看图 1-3。

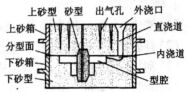

图 1-3 铸型装配图

1.3.2 手工造型

1. 造型工具及辅助工具

常用的造型工具及辅助工具见图 1-4 所示。

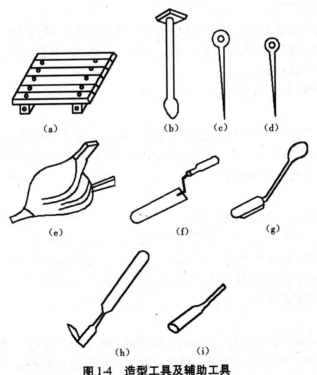

图 1-4 造型工具及辅助工具

(a)底板;(b)春砂锤;(c)通气针;(d)起模针;(e)皮老虎;(f)镘刀;(g)秋叶;
(h)提钩;(i)半圆

1）砂箱

砂箱的作用是便于砂型的翻转、搬运和防止金属液将砂型冲垮等。砂箱一般采用铸铁制造,常做成长方形框架结构,但脱箱造型的砂箱一般用木材制造,也可用铝制造。砂箱的尺寸应使砂箱内侧与模样和浇口及顶部之间留有 30～100 mm 距离,这个距离称为吃砂量。吃砂量的大小应视模样大小而定。砂箱大小的选择应适中,如果砂箱选择过大,则耗费型砂,增多舂砂工时,加大劳动强度;如果砂箱过小,则模样周围舂不紧,在浇注时易于跑火。

2）底板

底板是一块具有一个光滑工作面的平板,造型时用来托住模样、砂箱和型砂。底板材料可以用硬木、铝合金或铸铁。

3）辅助工具

(1)铁锹(小锹):用来混合型砂并铲起型砂送入砂箱。

(2)舂砂锤:用来舂实型砂,舂砂时应先用尖头,最后用平头。

(3)刮板:型砂舂实后,用来刮去高出砂箱的型砂。

(4)通气针:又叫气眼针,用来在砂箱上扎出通气孔眼。

(5)起模针和起模钉:用来取出砂型中的模样。

(6)掸笔:用来润湿型砂,以便于起模和修型,或用于对狭小孔腔涂刷涂料。

(7)修型工具:常用的修型工具有刮刀(镘刀)、提钩、压勺、竹片梗、圆头、圈圆、法兰梗等。

2. 手工造型方法

手工造型方法都差不多,大体步骤如下。

准备造型工具—安放造型底板、模样及砂箱—填砂紧实—翻型及修整分型面—放置上砂箱—放置浇口、冒口模样并填砂紧实—修整上砂型型面、开箱、修整分型面—起模、修型—挖砂开浇注系统—合箱紧固。

下面介绍几种常用的手工造型方法。

1）整模造型

对于形状简单、端部为平面且又是最大截面的铸件应采用整模造型。整模造型操作方便,造型时整个模样全部置于一个砂箱内,不会出现错箱缺陷,主要适用于轴承座、齿轮坯、罩壳类零件等。整模造型过程见图1-5。

2）分模造型

当铸件的最大截面不在铸件的端部时,为了便于造型和起模,模样要分成两半或几部分,这种造型方法称为分模造型。当铸件的最大截面在铸件的中间时,应采用两箱分模造型(图1-6)。造型时模样分别置于上、下砂箱中,分模面(模样与模样间的接合面)与分型面(砂型与砂型间的接合面)位置相重合。两箱分模造型广泛用于形状比较复杂的铸件生产,如阀体、轴套、水管等有孔铸件。

3）三箱造型

若铸件形状为两端截面大、中间截面小(如带轮、槽轮、车床四方刀架等),为保证顺利起模,应采用三箱造型(图1-7)。此时分模面应选在模样的最小截面处,而分型面仍选在铸件两端的最大截面处。显然三箱造型有两个分型面,降低了铸件高度方向的尺寸精度,增加了分型面处飞边毛刺的清理工作量,操作较复杂,生产率较低,不适用于机器造型。因此,三

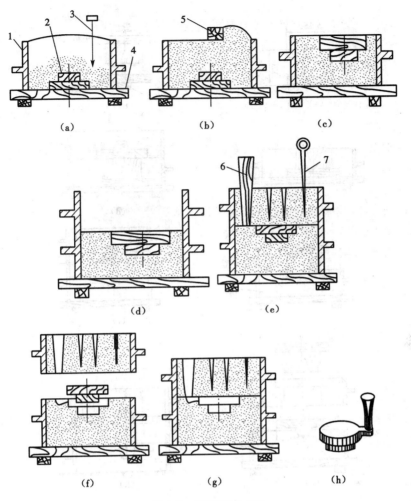

图 1-5 整模造型过程

(a)造下型,填砂,紧实;(b)刮平;(c)翻箱;(d)放上箱;(e)填砂,紧实,造上型,做气孔;

(f)起模,开浇道;(g)合型浇注;(h)铸件

1—砂箱;2—模样;3—舂砂锤;4—底板;5—刮板;6—浇口棒;7—通气针

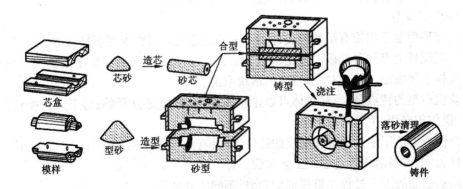

图 1-6 套筒类零件的两箱造型

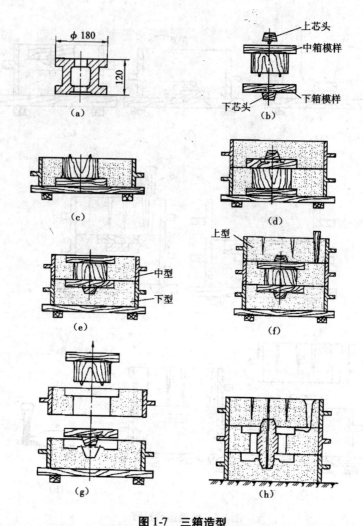

图 1-7 三箱造型

(a)零件图;(b)模样;(c)造中型;(d)造下型;(e)翻转下型和中型;
(f)造上型;(g)开箱和起模;(h)下芯及合型

箱造型仅用于形状复杂、不能用两箱分模造型的铸件的生产。

4)活块模造型

活块模造型是采用带有活块的模样进行铸造的方法。模样上可拆卸或者能活动的部分叫活块。当模样上有妨碍起模的伸出部分(如小凸台)时,常将该部分做成活块。起模时,应先将模样主体取出,再将留在铸型内的活块取出。

活块模造型的特点是:模样主体可以是整体的,也可以是分开的;对工人的操作技术要求较高,操作较麻烦,生产效率较低。

活块模造型适用于无法直接起模的铸件,如带有凸台等结构的铸件。下面以图 1-8(a)所示零件为例,讲解活块模造型的工艺过程。

活块模造型的工艺过程与整模造型相似,不同之处如下。

(1)当采用带有销钉的活块模造型时,在模样被型砂固定后,应将固定活块的销钉及时取出,否则模样将无法拔出,如图1-8(e)所示。

(2)起模时,应先取出模样的主体部分,再用弯曲的取模针取出活块,如图1-8(f)和图1-8(g)所示。

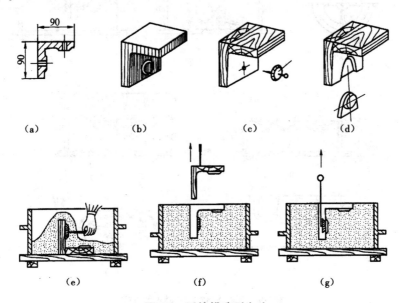

(a)　　　　　(b)　　　　　(c)　　　　　(d)

(e)　　　　　(f)　　　　　(g)

图1-8　活块模造型方法
(a)零件图;(b)铸件;(c)用销钉连接的活块;(d)燕尾连接的活块;
(e)造下型并拔出销钉;(f)取出模样主体;(g)取出活块

5)挖砂造型

当铸件的外部轮廓为曲面(如手轮等),其最大截面不在端部,且模样又不宜分成两半时,应将模样做成整体,造型时挖掉妨碍取出模样的那部分型砂,这种造型方法称为挖砂造型。挖砂造型的分型面为曲面,造型时为了保证顺利起模,必须把砂挖到模样最大截面处(见图1-9)。手工挖砂操作技术要求高、生产效率低,只适用于单件、小批量生产。

1.3.3　机器造型

机器造型是指用机械设备实现紧砂和起模的造型方法。在成批、大量生产时,应采用机器造型,将紧砂和起模过程机械化。与手工造型相比,机器造型生产效率高、铸件尺寸精度高、表面结构值小,但设备及工艺装备费用高、生产时间长,只适用于中、小铸件成批或大批量的生产。机器造型根据紧砂原理可分为如下几种。

1.振压造型

该造型方法常以压缩空气为动力源,通过振击使得砂箱下部的型砂在惯性力的作用下紧实,再用压头将砂箱上部松散的型砂压实。振压造型机的结构简单、价格较低,但噪声大、砂型紧实度不高。

2.微振压实造型

该造型方法类似振压造型,只是型砂在压实的同时进行微振,提高了紧实度,而且比较均匀。

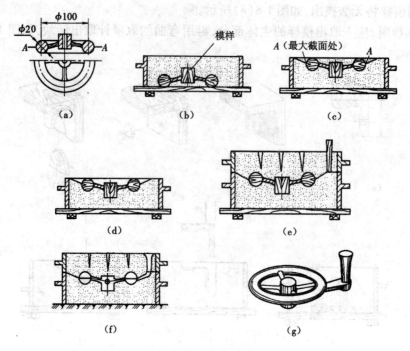

图 1-9　手轮零件的挖砂造型方法

(a)零件图;(b)造下型;(c)翻转下型箱;(d)挖修分型面;(e)造上型;

(f)开箱、起模并合型;(g)带浇注系统的铸件

3. 高压造型

该造型方法采用液压压头,且每个小压头的行程可随模型自行调节,这样砂型各部分的紧实度均匀,同时还可进行微振,提高了砂型紧实度,减小了噪声,提高了生产率。

4. 射砂造型

该造型方法采用射砂和压实相结合的方法将砂型紧实。此法不易产生错箱缺陷,生产率高,易于实现自动化。

1.4　造芯

型芯主要用于形成铸件的内腔、孔洞和凹坑等部分。

1.4.1　芯砂

因型芯在铸件浇注时,它的大部分或部分被金属液包围,经受的热作用、机械作用都较强烈,排气条件也差,出砂和清理困难,因此对芯砂的要求一般比型砂高。通常可用黏土砂做芯砂,但黏土含量比型砂高,并提高新砂使用比例。要求较高的铸造生产可用钠水玻璃砂、油砂或合脂砂作为芯砂。

1.4.2　制芯工艺

由于型芯在铸件铸造过程中所处的工作条件比砂型更恶劣,因此型芯必须具备比砂型更高的强度、耐火度、透气性和退让性。制型芯时,除选择合适的材料外,还必须采取以下工艺措施。

1. 放芯骨

为了保证砂芯在生产过程中不变形、不开裂、不折断,通常在砂芯中埋置芯骨,以提高其强度和刚度。

小型砂芯通常采用易弯曲变形、回弹性小的退火铁丝制作芯骨,中、大型砂芯一般采用铸铁芯骨或用型钢焊接而成的芯骨,如图 1-10 所示。这类芯骨由芯骨框架和芯骨齿组成,为了便于运输,一些大型的砂芯在芯骨上做出了吊环。

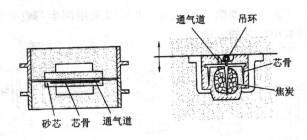

图 1-10　型芯的组成与使用

2. 开通气道

砂芯在高温金属液的作用下,浇注很短时间便会产生大量气体。当砂芯排气不良时,气体会侵入金属液使铸件产生气孔缺陷,为此制砂芯时除采用透气性好的芯砂外,应在砂芯中开设排气道,在型芯出气位置的铸型中开排气通道,以便将砂芯中产生的气体引出型外。砂芯中开排气道的方法有用通气针扎出气孔、用通气针挖出气孔和用蜡线或尼龙管做出气孔等三种,砂芯内加填焦炭也是一种增加砂芯透气性的措施,提高砂芯透气性的方法如图 1-10 所示。

3. 刷涂料

刷涂料的作用在于降低铸件表面的表面结构值,减少铸件粘砂、夹砂等缺陷。中、小铸钢件和部分铸铁件一般可用硅粉涂料,大型铸钢件用刚玉粉涂料,石墨粉涂料常用于铸铁件生产。

4. 烘干

砂芯被烘干后可以提高强度和增加透气性。烘干时采用低温进炉、合理控温、缓慢冷却的烘干工艺。黏土砂芯的烘干温度为 250~350 ℃,油砂芯为 200~220 ℃,合脂砂芯为 200~240 ℃,烘干时间为 1~3 h。

1.4.3　制芯方法

制芯方法分手工制芯和机器制芯两大类。

1. 手工制芯

手工制芯可分为芯盒制芯和刮板制芯。芯盒制芯是应用较广的一种方法,按芯盒结构的不同,又可分为整体式芯盒制芯、分式芯盒制芯及脱落式芯盒制芯。

1)整体式芯盒制芯

对于形状简单且有一个较大平面的砂芯,可采用整体式芯盒制芯,见图 1-11。

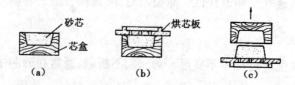

图 1-11　整体式芯盒制芯方法

(a)舂砂、刮平；(b)放烘芯板；(c)翻转、取芯

2)分式芯盒制芯

分式芯盒制芯的工艺过程如图 1-12 所示，也可以采用两半芯盒分别填砂制芯，然后组合使两半砂芯黏合后取出砂芯的方法。

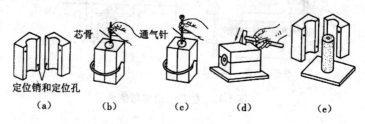

图 1-12　分式芯盒制芯方法

(a)结构；(b)加芯骨；(c)做气孔；(d)分开芯盒；(e)取出砂芯

3)脱落式芯盒制芯

脱落式芯盒制芯的操作方法和分式芯盒制芯类似，不同的是把芯盒部分做成活块，取芯时，从不同方向分别取下各个活块(见图 1-13)。

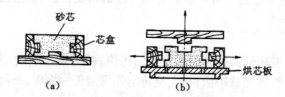

图 1-13　脱落式芯盒制芯方法

(a)芯盒安装及造芯；(b)分开芯盒及取出砂芯

2. 机器制芯

机器制芯与机器造型原理相同，也有振实式、微振压实式和射芯式等多种方法。机器制芯生产效率高、型芯紧实度均匀、质量好，但安放芯骨、取出活块或开气道等工序有时仍需要手工完成。

1.5　铸造合金种类与浇注

铸造合金熔炼和铸件的浇注是铸造生产的主要工艺。本节主要介绍铸铁合金的基础知识、铸铁熔炼原理及铸件浇注技术。

1.5.1 铸铁

铸造合金分为黑色铸造合金和非铁铸造合金两大类。黑色铸造合金即铸钢、铸铁,其中铸铁件生产量所占比例最大。非铁铸造合金有铝合金、铜合金、镁合金等。

铸铁是一种以铁、碳、硅为基础的多元合金,其中碳的质量分数在 2.0% ~ 4.0%,硅的质量分数在 0.6% ~ 3.0%,此外还含有锰、硫、磷等元素。铸铁按用途分为常用铸铁和特种铸铁。常用铸铁包括灰铸铁、球墨铸铁、可锻铸铁、蠕墨铸铁;特种铸铁有抗磨铸铁、耐蚀铸铁及耐热铸铁等。下面介绍几种常用铸铁。

1. 灰铸铁

灰铸铁通常是指断面呈灰色,其中的碳主要以片状石墨形式存在的铸铁。灰铸铁生产简单、成品率高、成本低,虽然力学性能低于其他类型铸铁,但具有良好的耐磨性和吸震性,较低的缺口敏感性,良好的铸造工艺性能,使其在工业中得到了广泛应用。目前灰铸铁产量约占铸铁产量的 80%。

灰铸铁的性能取决于基体和石墨。在铸铁中碳以游离状态的形式聚集出现,就形成了石墨。石墨软而脆,在铸铁中石墨的数量越多、石墨片越粗、端部越尖,铸铁的强度就越低。灰铸铁有 HT100、HT200、HT300 等牌号,前 2 位字母"HT"为"灰铁"汉语拼音字首,后 3 位是材料的抗拉强度最小值,单位为 MPa。

2. 球墨铸铁

球墨铸铁由金属基体和球状石墨组成。球状石墨是通过铁液进行一定的变质处理(球化处理)的结果。由于球状石墨避免了灰铸铁中尖锐石墨边缘的存在,缓和了石墨对金属基体的破坏,从而使铸铁的强度得到提高,韧性有很大的改善。球墨铸铁的牌号有 QT400—18、QT450—10、QT600—3 等多种,其命名规则与灰铸铁一致,只是后 1 ~ 2 位代表最低断后伸长率(%)。

球墨铸铁的强度和硬度较高,具有一定的韧性,提高了铸铁材料的性能,在汽车、农机、船舶、冶金、化工等行业都有应用,其产量仅次于灰铸铁。

3. 可锻铸铁

可锻铸铁又称玛铁或玛钢。它是将白口铸铁坯件经石墨化退火而成的一种铸铁。有较高的强度、塑性和冲击韧度,可以部分代替碳钢。

可锻铸铁的显微组织由金属基体和团絮状石墨组成。由于石墨呈团絮状,大大减轻了对金属基体的割裂作用,故抗拉强度得到明显提高,如抗拉强度一般达 300 ~ 400 MPa,最高可达 700 MPa。尤为可贵的是这种铸铁有着相当高的塑性与韧性($\delta \leqslant 12\%$,$\alpha_k \leqslant 30 \text{ J/cm}^2$),可锻铸铁因此而得名,其实它并不能真正用于锻造。

可锻铸铁的制造工艺如下。先铸造出白口铸铁,随后退火使 Fe_3C 分解得到团絮状石墨。为保证在通常的冷却条件下铸件能得到合格的白口组织,其成分通常是 $w(C) = 2.2\%$ ~ 2.8%,$w(Si) = 1.2\%$ ~ 2.0%,$w(Mn) = 0.4\%$ ~ 1.2%,$w(P) \leqslant 0.1\%$,$w(S) \leqslant 0.2\%$。然后进行长时间的石墨化退火处理,温度在 900 ~ 980 ℃,长时间保温。

可以看出,可锻铸铁的生产过程复杂,退火周期长,能源耗费大,铸件的成本较高,应用和发展受到一定限制,某些传统的可锻铸铁零件已逐渐被球墨铸铁所代替。

4. 蠕墨铸铁

在蠕墨铸铁的生产中,对铁液进行了蠕化处理,铸件中的石墨呈蠕虫状,介于片状石墨和球状石墨之间,故蠕墨铸铁性能介于相同基体组织的灰铸铁和球墨铸铁之间。蠕墨铸铁的牌号以 RuT 起头,如 RuT260、RuT340 、RuT420 。

蠕墨铸铁铸造性能好,可用于制造复杂的大型零件,如变速器箱体;因其有良好的导热性,也用于制造在较大温度梯度下工作的零件,如汽车制动盘、钢锭模等。

1.5.2 铸铁的熔炼

铸铁熔炼的目的是为了高生产率,低成本地熔炼出预定成分和温度的铁液。对铸铁熔炼的基本要求可以概括为优质、高产、低耗、长寿与操作便利五个方面。

(1)铁液质量好。铁液的出炉温度应满足浇注铸件的需要,并保证得到无冷隔缺陷、轮廓清晰的铸件。一般来说,铁液的出炉温度根据不同的铸件至少应达到 1 420 ~ 1 480 ℃。铁液的主要化学成分 Fe、C、Si 等必须达到规定牌号铸件的规范要求,S、P 等杂质成分必须控制在限量以下,并减少铁液对气体的吸收。

(2)熔化速度快。在确保铁液质量的前提下,提高熔化速度,充分发挥熔炼设备的生产能力。

(3)熔炼耗费少。应尽量降低熔炼过程中包括燃料在内的各种有关材料的消耗,减少铁及合金元素的烧损,取得较好的经济效益。

(4)炉衬寿命长。延长炉衬寿命不仅可节省炉子维修费用,对于稳定熔炼工作过程、提高生产率也有重要作用。

(5)操作条件好。操作方便、可靠,并提高机械化、自动化程度,尽力消除对周围环境的污染。

熔炼设备有冲天炉、电弧炉、工频炉等,其中以冲天炉的应用最为广泛。

1. 冲天炉的熔炼过程

用于冲天炉的燃料为焦炭,金属炉料有:铸造生铁锭、回炉料(浇冒口、废机件)、废钢、铁合金(硅铁、锰铁)等,熔剂为石灰石和氟石。

熔炼过程中,高温炉气上升、炉料下降,在两者逆向运动中产生如下过程:底焦燃烧;金属炉料被预热、熔化和过热;冶金反应使铁液发生变化。因此,金属在冲天炉内并非简单的熔化,实质上是一种熔炼过程。

2. 铁液化学成分的控制

在熔化过程中铁料与炽热的焦炭和炉气直接接触,铁料的化学成分将发生某些变化。为了熔化出成分合格的铁液,在冲天炉配料时必须考虑如下化学成分的变化。

1)硅和锰

炉气氧化使铁液中的硅、锰产生熔炼损耗,通常的熔炼损耗为:硅 10% ~20% ,锰 15% ~25% 。

2)碳

铁料中的碳,一方面可被炉气氧化熔炼损耗,使其含碳量减小;另一方面,由于铁液与炽热焦炭直接接触吸收碳分,使其含碳量增大。含碳量的最终变化是炉内渗碳与脱碳过程的综合结果。实践证明,铁液含碳量变化总是趋向于共晶含碳量(即饱和含碳量),当铁料含碳量低于 3.6% 时,将以增碳为主;高于 3.6% 时,则以脱碳为主。鉴于铁料的含碳量一般低于 3.6% ,故多为增碳。

3) 硫

铁料因吸收焦炭中的硫,使铸铁含硫量增加 50% 左右。

4) 磷

铁料含磷量基本不变。

3. 炉料配制

根据铁液化学成分要求和有关元素的熔炼损耗率折算出铁料应达到的平均化学成分、各种库存铁料的已知成分,确定每批炉料中生铁锭、各种回炉铁、废钢的比例。为了弥补铁料中硅、锰等元素的不足,可用硅铁、锰铁等铁合金补足。由于冲天炉内通常难以脱除硫和磷,因此欲得到低硫、磷铁液,主要依靠采用优质焦炭和铁料来实现。

1.5.3 浇注工艺

将熔炼好的金属液浇入铸型的过程称为浇注。浇注操作不当,铸件会产生浇不足、冷隔、夹砂、缩孔和跑火等缺陷。

1. 浇注系统

浇注系统是指铸型中开设的引进熔融金属液的通道。其主要作用是保证液态金属平稳地、无冲击地、迅速地充满型腔,同时能够阻止熔渣等杂质进入型腔和调节铸件的凝固顺序。

浇注系统由浇口杯、直浇道、横浇道和内浇道组成,如图 1-14 所示。各组元的作用如下。

1) 浇口杯

浇口杯的主要作用是承接金属液、减小金属液的冲击力,使之平稳地流入直浇道,并分离部分熔渣。浇口杯的形状多为漏斗形或者盆形。其中漏斗形浇口杯用于中、小铸件;盆形浇口杯用于大铸件。

2) 直浇道

直浇道是垂直浇道,其主要作用是使金属液产生静压力,并迅速充满型腔。为了便于起模,防止浇道内形成真空引起金属液吸气,直浇道一般做成圆锥体。

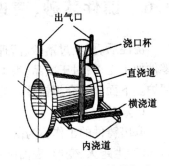

图 1-14 浇注系统的组成

3) 横浇道

横浇道是连接直浇道和内浇道的水平通道,一般开设在上砂型,截面多为梯形。其主要作用是挡渣。

4) 内浇道

内浇道是金属液进入型腔的通道,截面多为扁形或三角形。其主要作用是控制金属液的流入速度和方向。

2. 浇注前的准备工作

1) 准备浇包

浇包是用于盛装铁水进行浇注的工具。应根据铸形大小、生产批量准备合适的和足够数量的浇包。常见的浇包有一人使用的端包、两人操作的抬包和用吊车装运的吊包,铁水容量分别为 20 kg、50~100 kg、大于 200 kg。

2）清理通道

浇注时行走的通道不能有杂物挡道,更不允许有积水。

3. 浇注工艺

1）浇注温度

浇注温度过低时,铁水流动性差,易产生浇不足、冷隔、气孔等缺陷;浇注温度过高时,铁水的收缩量增加,易产生缩孔、裂纹及粘砂等缺陷。合适的浇注温度应根据合金种类、铸件大小及形状来确定。形状复杂薄壁件浇注温度为 1 350~1 400 ℃,形状简单厚壁件浇注温度为 1 260~1 350 ℃。

2）浇注速度

浇注速度太慢,使金属液降温过多,易产生浇不足、冷隔和夹渣等缺陷。浇注速度太快,会使型腔中的气体来不及逸出而产生气孔。同时,由于金属液流速快,易产生冲砂、抬箱、跑火等缺陷。浇注速度视具体情况而定,一般用浇注时间表示。

浇注过程中应注意:浇注前进行扒渣操作,即清除金属液表面的熔渣,以免熔渣进入型腔;浇注时在砂型出气口、冒口处引火燃烧,促使气体快速排出,防止铸件产生气孔和减少有害气体污染空气;浇注过程中不能断流,应始终使外浇口保持充满状态,以便熔渣上浮;另外浇注是高温作业,操作人员应注意安全。

1.6　铸件落砂、清理及缺陷分析

浇注后,要经过落砂、清理,然后进行质量检验。符合质量要求的铸件才能进入下一道零件加工工序;对于次品,根据缺陷修复在技术上和经济上的可行性酌情修补;废品则重新回炉。下面简单介绍铸件浇注后的几个操作。

1. 落砂

取出铸件的工作称为落砂。落砂时要注意开箱时间:若过早,由于铸件未凝固或温度过高,会产生跑火、变形、表面硬皮等缺陷,并且铸件会产生内应力、裂纹等缺陷;若过晚,将过长时间占用生产场地及工装,使生产效率降低。落砂时间与合金种类、铸件形状和大小有关。形状简单,小于 10 kg 的铸铁件,可在浇后 20~40 min 落砂;10~30 kg 的铸铁件,可在浇后 30~60 min 落砂。落砂分为手工落砂和机器落砂两种,前者用于单件小批量生产,后者用于大批量生产。

2. 清理

铸件必须经过清理工序,才能使铸件外表面达到要求。清理工作主要包括下列内容。

1）切除浇冒口

铸铁件可用铁锤敲掉浇冒口,铸钢件要用气割切除,有色合金铸件则用锯割切除。

2）清除型芯

铸件内腔的型芯和芯骨可用手工、振动出芯机或水力清砂装置去除。

3）清除粘砂

铸件表面往往粘着一层被烧焦的砂子,需要清除干净,一般采用钢丝刷、风铲等手工工具进行清理。对于批量生产,常选用清理机械来进行,广泛采用的有滚筒清理、喷丸清理。

3.缺陷分析

缺陷分析就是用肉眼或借助于尖嘴锤找出铸件表层或皮下的铸造缺陷,如气孔、砂眼、粘砂、缩孔、冷隔、浇不足等。对铸件内部的缺陷还可采用耐压试验、磁粉探伤、超声波探伤、金相检验、力学性能试验等方法。铸件的常见缺陷如表1-1所示。

表1-1 铸件的常见缺陷分析

名称	缺陷特征	产生原因分析	名称	缺陷特征	产生原因分析
浇不足	铸件残缺或轮廓不完整,边角圆且光亮	①流动性差,浇注温度低 ②铸件设计不合理,壁太薄 ③浇时断流或浇注速度过慢 ④浇注系统截面过小	裂纹	在铸件转角处或厚薄壁交接处出现条状裂纹	①铸件壁厚不均匀,收缩不一致 ②合金含硫和磷过高 ③型(芯)砂的退让性差 ④浇注温度过高
冷隔	边缘有呈圆角状的缝隙	①铸件壁过薄 ②合金流动性差 ③浇注温度低、浇注速度慢	缩孔	最后凝固处有形状不规则的孔洞,内腔极其粗糙	①铸件结构设计不当,有热节 ②浇注温度过高 ③冒口设计不合理或冒口过小
错型	铸件在分型面处发生错移	①合型时定位不准 ②造型时上、下模有错移 ③上、下型未夹紧 ④定位销或记号不准	气孔	孔洞内表面光滑,大孔孤立存在、小孔成群出现	①铸型透气性差,紧实度过高 ②铸型太湿、起模涮水过多,芯子、浇包未烘干 ③浇注系统不正确,气体排不出 ④砂芯通气孔堵塞
偏芯	铸件内孔位置、形状和尺寸发生偏移	①芯子变形 ②下芯时位置不准确 ③砂芯固定不良,浇注时被冲偏	砂眼	内部或表面有带有砂粒的孔洞	①型砂的耐火性差 ②浇注温度太高 ③型砂紧实度不够,型腔表面不致密
变形	铸件发生弯曲或扭曲变形	①落砂过早或过晚 ②铸件壁厚不均匀 ③铸件形状设计不合理	粘砂	表面或内腔附有难以清除的砂粒	

1.7 特种铸造

特种铸造是指与普通砂型铸造不同的其他铸造方法。特种铸造方法很多,并不断有新方法出现,各种方法有其特点及适用范围。这里仅介绍比较常用的金属型铸造、熔模铸造和离心铸造。

1.7.1 金属型铸造

金属型铸造是将液态金属浇入金属的铸型中,并在重力作用下凝固成形以获得铸件的方法。由于金属铸型可反复多次(几百次到几千次)使用,故有永久型铸造之称。

1. 金属型构造

金属型的结构主要取决于铸件的形状、尺寸、合金的种类及生产批量等。金属型一般用铸铁或铸钢做成，型腔表面需喷涂一层耐火涂料。铸件的内腔可用金属型芯或砂芯来形成，其中金属型芯用于非铁金属件。

按照分型面的不同，金属型可分为垂直分型式、水平分型式、整体式和复合分型式。其中，垂直分型式便于开设浇道和取出铸件，也易于实现机械化生产，所以应用最广。图 1-15 是复合型芯金属型铸造零件生产过程图。

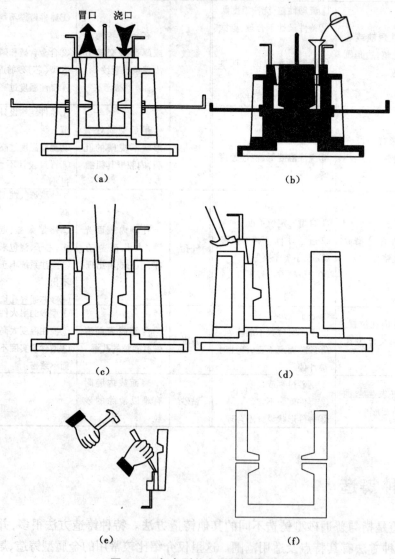

图 1-15　复合型芯金属型铸造过程

(a)组装金属铸模；(b)预热后浇注；(c)竖直向上起中间模；(d)起侧凹模；

(e)剔出浇口冒口；(f)零件

2. 金属型的铸造工艺

由于金属型导热快，并且没有退让性和透气性，为了获得优质铸件和延长金属型的寿命,必须严格控制其工艺。

1)喷刷涂料

为了减缓铸件的冷却速度,防止高温金属液流对型壁的直接冲刷和保护金属型,金属型的型腔和金属型芯表面必须喷刷涂料。

2)金属型应保持一定的工作温度

铸铁件的预热温度通常为 250～350 ℃,非铁金属铸件为 100～250 ℃。其目的是减缓铸型对浇注金属的激冷作用,减少铸件冷隔、浇不足、夹渣、气孔等缺陷。未预热的金属型不能进行浇注。预热温度随合金的种类、铸件结构和大小而定。

3)适合的出型时间

浇注后,应使铸件凝固后尽早出型。因为铸件在金属型内停留时间越长,铸件的出型及抽芯越困难,铸件裂纹倾向越大。同时,铸铁件的白口倾向增加,金属型铸造的生产率降低。小型铸件出型时间通常为 10～60 s,铸件温度为 780～950 ℃。

3. 金属型铸造的特点和适用范围

1)金属型铸造的特点

(1)金属型铸造可以一型多铸,便于实现机械化、自动化生产。

(2)金属型的制造成本高、生产周期长,并且不宜生产形状复杂的铸件。

(3)对铸造工艺要求严格,否则容易产生浇不足、冷隔、裂纹等缺陷。

2)金属型铸造的适用范围

金属型铸造主要用于铜、铝合金不复杂中小铸件的大批量生产,如铝活塞、汽缸盖、油泵壳体、铜瓦、衬套、轻工业品等,也可浇注铸铁件。

1.7.2 熔模铸造

熔模铸造是指用易熔材料制成模样,在模样表面包覆若干层耐火涂料制成型壳,经硬化后,再将模样熔化,排出型壳,从而获得无分型面的铸型,浇注即可获得铸件的铸造方法。由于模样广泛采用蜡质材料制造,故又称为"失蜡铸造"。

1. 熔模铸造的工艺过程

熔模铸造的工艺过程可分为蜡模制造、型壳制造、焙烧浇注三个主要阶段,最后制成所需的铸件,如图 1-16 所示。

2. 熔模铸造的特点和适用范围

1)熔模铸造的特点

(1)熔模铸造铸件的精度高、表面光洁。同时,可制造出形状很复杂的薄壁铸件。

(2)适合各种合金铸件,尤其适于高熔点及难切割加工合金钢铸件。

(3)生产批量不受限制。但生产工艺复杂且周期长,机械加工压型成本高,铸件成本高,不宜生产过长过大件等。

2)熔模铸造的适用范围

熔模铸造主要用于高熔点合金精密铸件的成批、大量生产以及形状复杂、难以机械加工的小零件。目前熔模铸造已在汽车、拖拉机、机床、刀具、汽轮机、仪表、航空、兵器等制造业得到了广泛的应用,成为少、无屑加工中最重要的工艺方法。

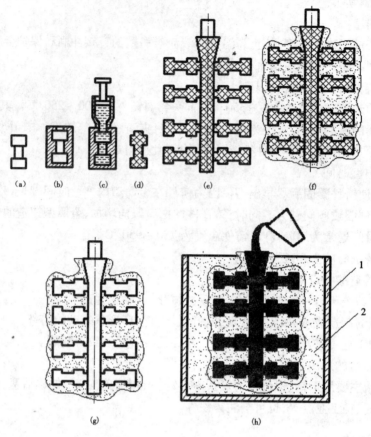

图 1-16　熔模铸造主要工艺过程

(a)铸件;(b)压型;(c)压制蜡模;(d)单个蜡模;(e)蜡模组合;(f)制造型壳;

(g)脱蜡、焙烧;(h)装箱浇注

1—砂箱;2—填砂

1.7.3　离心铸造

离心铸造是将液态合金浇入高速旋转的铸型,使其在离心力作用下填充铸型并凝固成形的铸造方法。离心铸造一般都是在离心铸造机上进行的,铸型多采用金属型,可以围绕垂直轴或水平轴旋转。

1.离心铸造的基本方式

离心铸造必须在离心铸造机上进行。离心铸造机分为立式和卧式两大类。

在立式离心铸造机上,铸型是绕垂直轴旋转的。当其浇注圆筒形铸件时(见图 1-17(a)),金属液并不填满型腔,这样便于自动形成内腔,而铸件的壁厚则取决于浇入的金属量。在立式离心铸造机上进行离心铸造的优点是便于铸型的固定和金属的浇注,但其自由表面(即内表面)呈抛物线状,使铸件上薄下厚。因此,主要用于高度小于直径的圆环类铸件。

在卧式离心铸造机上,铸型是绕水平轴旋转的。由于铸件各部分的冷却条件相近,故铸出的圆筒形铸件无论在轴向和径向的壁厚都是均匀的(见图 1-17(b))。因此适于浇注长度较大的圆筒、管类铸件,卧式离心铸造是常用的离心铸造方法。

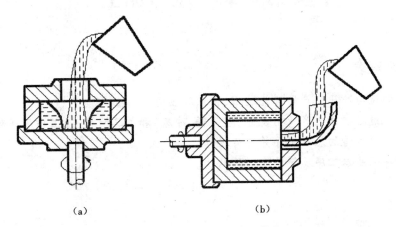

（a）　　　　　　　　　　　　　（b）

图 1-17　圆筒形铸件的离心铸造

（a）立式离心铸造；（b）卧式离心铸造

2.离心铸造的特点和适用范围

1）离心铸造的特点

(1)铸件致密度高,气孔、夹渣等缺陷少。

(2)由于离心力作用,可生产薄壁铸件。

(3)省去加工型芯的过程,没有浇注系统和冒口系统的金属消耗。

2）离心铸造的适用范围

离心铸造主要用于大口径铸铁管、汽缸套、铜套、双金属轴承的生产,铸件的最大质量可达十多吨。同时,离心铸造也已应用于耐热钢轧辊、特殊钢的无缝管坯、造纸烘缸等铸件的生产中。

第 2 章 压力加工

实习目的及要求

1. 了解锻造与冲压生产的工艺过程、特点及应用。
2. 了解锻造与冲压生产所用设备(空气锤、冲床)和工具的构造、工作原理和使用方法。
3. 熟悉自由锻造的基本工序并进行操作。
4. 了解冲压基本工序及简单冲模的结构。

2.1 压力加工概述

压力加工是指利用金属在外力作用下所产生的塑性变形,来获得具有一定形状、尺寸和力学性能的原材料、毛坯或零件的加工方法。金属压力加工的基本方法除了锻造和冲压外,还有轧制、挤压和拉拔等。

锻造是在加压设备及工具、模具的作用下,使金属坯料或铸锭产品局部或全部产生塑性变形,以获得一定形状、尺寸和质量的锻件的加工方法。板料冲压是利用外力使板料产生分离或塑性变形,以获得一定形状、尺寸和性能的制件的加工方法。

经过锻造成形后的锻件,力学性能得到提高,因此通常作为承受重载或冲击载荷的零件。板料冲压通常用来加工具有足够塑性的金属材料或非金属材料。压制品具有质量小、刚度好、强度高、互换性好、成本低等优点,生产过程易于实现机械自动化,生产率高。

锻造是通过压力机、锻锤等设备或工具、模具对金属施加压力实现的。生产锻件的工艺过程一般为:下料→加热→锻造→冷却→热处理→清理→检验→锻件。冲压是通过冲床、模具等设备和工具对板料施加压力实现的。冲压的基本工序分为分离工序(如剪切、落料、冲孔等)和成形工序(如弯曲、拉深、翻边等)两大类。

2.2 锻造生产过程

2.2.1 下料

下料是根据锻件的形状、尺寸和质量从选定的原材料上截取相应的坯料的过程。中小型锻件一般以热轧圆钢或方钢为原材料。锻件坯料的下料方法主要有剪切、锯削、氧气切割等。大批量生产时,剪切可在锻锤或专用的棒料剪切机上进行,生产效率高,但坯料断口质量较差。锯削可在锯床上使用弓锯、带锯或圆盘锯进行,坯料断口整齐,但生产效率低,主要适用于中小批量生产。氧气切割设备简单、操作方便,但断口质量也较差,且金属损耗较多,只适用于单件、小批量生产,特别适合于大截面钢坯和钢锭的切割。

2.2.2　坯料的加热

1. 加热设备

1) 反射炉

燃料在燃料室中燃烧,高温炉火通过炉顶反射到加热室中加热坯料的炉子称为反射炉。反射炉以烟煤为燃料。

2) 室式炉

炉膛三面是墙,一面有门的炉子称为室式炉。室式炉以重油或天然气、煤气为燃料。

3) 电阻炉

电阻炉以电阻加热器通电时所产生的热量为热源,以辐射方式加热坯料。

2. 锻造温度范围

锻造温度范围是指金属开始锻造的温度(始锻温度)到锻造终止的温度(终锻温度)之间的温度间隔。常用材料的锻造温度范围见表 2-1。

表 2-1　常见材料的锻造温度范围

种　　类	牌号举例	始锻温度/℃	终锻温度/℃
低碳钢	20、Q235A	1 200 ~ 1 250	700
中碳钢	35、45	1 150 ~ 1 200	800
高碳钢	T8、T10A	1 100 ~ 1 150	800
合金钢	30Mn2、40Cr	1 200	800
铝合金	2A12	450 ~ 500	350 ~ 380
铜合金	HPb59—1	800 ~ 900	650

3. 坯料加热缺陷

1) 氧化与脱碳

在高温下,金属坯料的表层金属受炉气中氧化性气体的作用发生化学反应,生成氧化皮,造成金属熔炼损耗(氧化熔炼损耗量为坯料质量的 2% ~3%),还会降低锻件的表面质量。在下料计算坯料质量时,应加上这个熔炼损耗量。钢在高温下长时间与氧化性炉气接触,会造成坯料表层一定深度内碳元素的熔炼损耗,这种现象称为脱碳。脱碳层小于锻件的加工余量,则对零件没有影响;脱碳层大于加工余量时,会使零件表层性能下降。减少氧化和脱碳的方法是在保证加热质量的前提下,快速加热,避免坯料在高温下停留时间过长。

2) 过热和过烧

金属由于加热温度过高或在高温下保持时间过长引起晶粒粗大的现象称为过热。过热的坯料可以在随后的锻造过程中将粗大的晶粒打碎,也可以在锻造以后进行热处理,将晶粒细化。加热温度超过始锻温度过多时,晶粒边界出现氧化及熔化的现象称为过烧。过烧破坏了晶粒间的结合力,一经锻打即破碎成废品。过烧是无法挽回的缺陷。避免过热和过烧的方法是严格控制加热温度和高温下的停留时间。

3) 开裂

大型或复杂锻件在加热过程中,如果加热速度过快,装炉温度过高,则可能造成坯料各部分之间出现较大的温差,膨胀不一致,产生裂纹。

2.2.3　锻件冷却

锻件锻后的冷却方式对锻件的质量有一定影响。冷却太快,会使锻件发生翘曲,表面硬度提高,内应力增大,甚至会产生裂纹,使锻件报废。锻件的冷却是保证锻件质量的重要环节。冷却的方法有以下三种。

1. 空冷

在无风的空气中,放在干燥的地面上冷却。

2. 坑冷

在充填有石棉灰、沙子或炉灰等绝热材料的坑中冷却。

3. 炉冷

在 500 ~ 700 ℃ 的加热炉中,随炉缓慢冷却。

一般情况下,锻件中的碳元素及合金元素含量越高,锻件体积越大,形状越复杂,冷却速度越要缓慢,否则会造成硬化、变形,甚至产生裂纹。

2.2.4　锻后热处理

锻件在切削加工前,一般都要进行热处理。热处理的作用是使锻件的内部组织进一步细化和均匀化,消除锻造残余应力,降低锻件硬度,便于进行切削加工等。常用的锻后热处理方法有正火、退火和球化退火等。具体的热处理方法和工艺要根据锻件的材料种类和化学成分确定。

2.3　自由锻造

用简单的通用性工具,或在锻造设备的上、下砧铁之间直接对坯料施加外力,使坯料产生变形而获得所需的几何形状及内部质量的锻件的加工方法称为自由锻。自由锻分为手工自由锻和机器自由锻。

自由锻使用的工具简单、操作灵活,但锻件的精度低、生产率低、工人劳动强度大,所以只适用于单件、小批量和大型、重型锻件的生产。

2.3.1　自由锻的设备

自由锻常用的设备有空气锤、蒸汽—空气自由锻锤和水压机等。

1. 空气锤

空气锤是一种以压缩空气为动力,并自身携带动力装置的锻造设备。坯料质量在 100 kg 以下的小型自由锻锻件,通常都在空气锤上锻造。

2. 自由锻工具

自由锻工具按其功用可分为支持工具、打击工具、衬垫工具、夹持工件和测量工具。

2.3.2　自由锻的基本工序

各种锻件的自由锻成形过程都由一个或几个工序组成。根据变形性质和程度的不同,自由锻工序可分为基本工序、辅助工序和精整工序三类。变形量较大,改变坯料形状和尺寸,实现锻件基本成形的工序称为基本工序,如镦粗、拔长、冲孔、弯曲、扭转等。为便于实施基本工序而预先使坯料产生少量变形的工序称为辅助工序,如切肩、压印等。为提高锻件的形状精度和尺寸精度,在基本工序之后进行的小量修整工序称为精整工序,如滚圆、平整等。

实际生产中最常用的是镦粗、拔长和冲孔三个基本工序。

1. 镦粗

镦粗是使坯料横截面面积增大、高度减小的锻造工序。镦粗可分为整体镦粗和局部镦粗两种,如图 2-1 所示。镦粗操作的工艺要点如下。

(1)坯料尺寸的控制。镦粗的坯料高度 h 与其直径 d 之比应小于 2.5。高径比过大,则易将坯料镦弯或造成双鼓形,甚至发生折叠现象而使锻件报废,如图 2-2 所示。

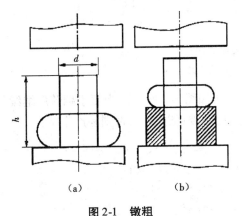

图 2-1 镦粗
(a)整体镦粗;(b)局部镦粗

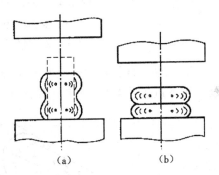

图 2-2 双鼓形和折叠
(a)双鼓形;(b)折叠

(2)镦弯的防止及矫正。坯料的端面应平整并与轴线垂直,加热要均匀,坯料在砧铁上要放平,否则可能产生镦弯的现象。镦粗过程中如发现镦歪、镦弯或出现双鼓形应及时矫正。方法是将坯料斜立,轻打镦歪的斜角,然后放正,继续锻打,如图 2-3 所示。

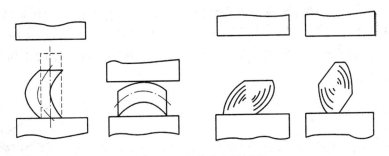

图 2-3 镦弯的产生及矫正

(3)折叠的防止。如果坯料的高度和直径比较大,或锤力不足,就可能产生双鼓形。如不及时纠正,继续锻打可能形成折叠,使锻件报废,如图 2-2(b)所示。

(4)局部镦粗时要采用相应尺寸的漏盘,将坯料的一部分放在漏盘内,限制其变形。

2. 拔长

拔长是使坯料长度增加、横截面减小的锻造工序。操作中还可以进行局部拔长、心轴拔长等。拔长操作的工艺要点如下。

（1）送进。锻打过程中，坯料沿砧铁宽度方向送进，每次送进量不宜过大，以砧铁宽度的 0.3～0.7 为宜，如图 2-4（a）。送进量过大，金属主要沿坯料宽度方向流动，反而降低延伸效率，如图 2-4（b）。送进量太小，又容易产生夹层，如图 2-4（c）所示。

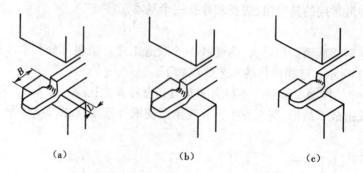

（a） （b） （c）

图 2-4 拔长时的送进方向和送进量
（a）送进量合适；（b）送进量太大；（c）送进量太小

（2）翻转。拔长过程中应不断翻转坯料，翻转的方法如图 2-5 所示。为便于翻转后继续拔长，压下量要适当，应使坯料横截面的宽度与厚度之比不要超过 2.5，否则易产生折叠。

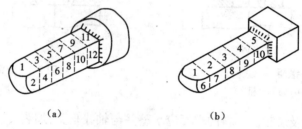

（a） （b）

图 2-5 拔长时坯料的翻转方法
（a）来回翻转 90°锻打；（b）打完一面后翻转 90°

（3）锻打。将圆截面的坯料拔长成直径较小的圆截面时，必须先把坯料锻打成方形截面，在拔长到边长接近锻件的直径时，再锻成八角形，最后锻打成圆形，如图 2-6 所示。

（4）锻制台阶或凹档。要先在截面分界处压出凹槽，称为压肩，如图 2-7 所示。

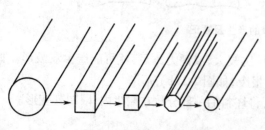

图 2-6 圆截面坯料拔长时横截面的变化

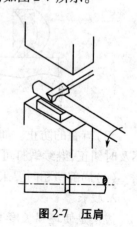

图 2-7 压肩

（5）套筒类锻件的拔长。操作如图 2-8 所示。坯料须先冲孔，然后套在拔长心轴上拔长，坯料边旋转边轴向送进，并严格控制送进量。送进量过大，不仅拔长效率低，而且坯料内孔增大较多。

（6）修整。拔长后要进行修整，以使截面形状规则。方形或矩形截面的锻件修整时，将锻件沿砧铁长度方向送进，如图 2-9（a）所示，以增加锻件与砧铁的接触长度。圆形截面的锻件修整时，锻件在送进的同时还应不断转动，如使用摔子修整，如图 2-9（b）所示，锻件的尺寸精度更高。

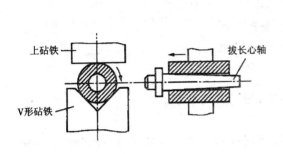

图 2-8　心轴上拔长

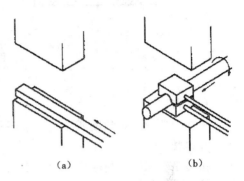

（a）　　　　　　　　　（b）

图 2-9　拔长后的修整

（a）方形截面修整；（b）圆形截面修整

3. 冲孔

在坯料上冲出通孔或不通孔的工序称为冲孔。其操作工艺要点如下。

（1）冲孔前，坯料应先镦粗，以尽量减小冲孔深度。

（2）为保证孔位正确，应先试冲，即用冲子轻轻压出凹痕，如有偏差，可加以修正。

（3）冲孔过程中应保证冲子的轴线与锤杆中心线平行，以防将孔冲歪。

（4）锻件的通孔一般采用双面冲孔法冲出，如图 2-10 所示。先从一面将孔冲至坯料厚度 2/3～3/4 的深度，取出冲子，翻转坯料，然后从反面将孔冲透。

（5）较薄的坯料可采用单面冲孔，如图 2-11 所示。单面冲孔时，应将冲子大头朝下，漏盘上的孔不宜过大，且须仔细对正。

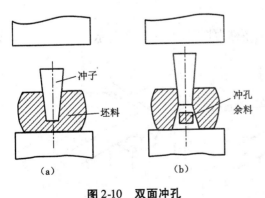

（a）　　　　　　　　　（b）

图 2-10　双面冲孔

（a）单面冲 2/3～3/4；（b）反转冲透

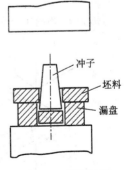

图 2-11　单面冲孔

（6）为防止坯料胀裂，冲孔的孔径一般要小于坯料直径的 1/3，超过这一限制时，则要先冲出一个较小的孔,然后采用扩孔的方法达到所要求的孔径尺寸,如图 2-12 所示。

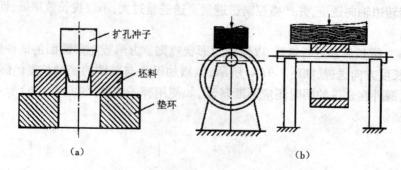

图 2-12 扩孔

(a)冲子扩孔;(b)心轴上扩孔

4.弯曲

将坯料弯成一定角度或弧度的工序称为弯曲,如图 2-13 所示。

5.扭转

扭转是在保持坯料轴线方向不变的情况下,将坯料的一部分相对于另一部分扭转一定角度的工序,如图 2-14 所示。

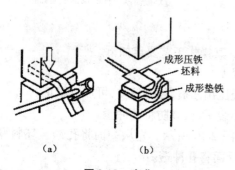

图 2-13 弯曲

(a)角度弯曲;(b)成形弯曲

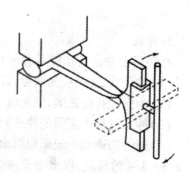

图 2-14 扭转

6.切割

将锻件从坯料上分割下来或切除锻件的工序称为切割,如图 2-15 所示。

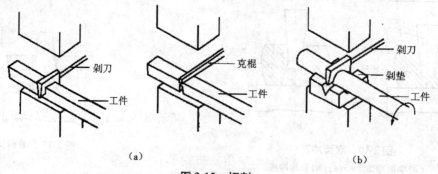

图 2-15 切割

(a)方料的切割;(b)圆料的切割

2.4　板料冲压

使板料经过分离或变形而获得制件的工艺统称为板料冲压,简称冲压。

板料冲压的坯料大都是厚度不超过 $1 \sim 2\ mm$ 的金属薄板,一般在常温下冲压。常用的原材料有低碳钢、低合金钢、奥氏体不锈钢及铜铝等低强度高塑性的材料。

2.4.1　冲压设备及冲裁模

1. 冲床

冲床是进行冲压加工的基本设备,常用的开式双柱冲床如图 2-16 所示。电动机通过三角胶带减速系统带动轮转动。踩下踏板后,离合器闭合并带动曲轴旋转,再经过连杆带动滑块沿导轨作上、下往复运动,进行冲压加工。如果将踏板踩下后立即抬起,滑块冲压一次后便在制动器的作用下,停止在最高位上;如果踏板不抬起,滑块就进行连续冲压。

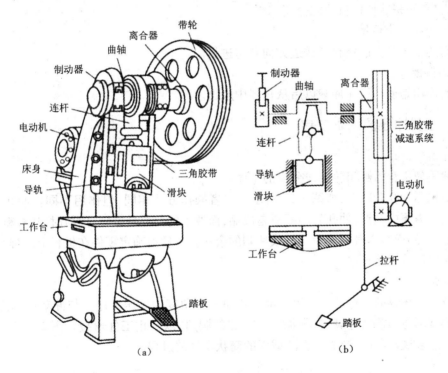

图 2-16　开式双柱冲床
(a)外观图;(b)传动简图

2. 冲模模具

冲裁时所用的模具称为冲裁模,如图 2-17 所示。它的组成及各部分的作用如下。

1)模架

模架包括上、下模板和导柱、导套。上模板通过模柄安装在冲床滑块的下端,下模板用螺钉固定在冲床的工作台上。导柱和导套的作用是保证上、下模具对准。

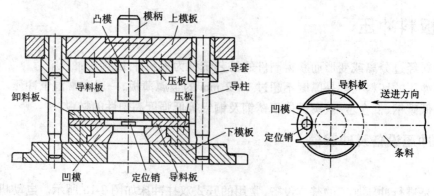

图 2-17　简单冲裁模

2）凸模和凹模

凸模和凹模是冲模的核心部分，凸模又称为冲头。冲裁模的凸模和凹模的边缘都磨成锋利的刃口，用来剪切板料使之分离。

3）导料板和定位销

它们的作用是控制板料的送进方向和送进量。

4）卸料板

它的作用是使凸模在冲裁以后从板料中脱出。

2.4.2　板料冲压的基本工序

1. 冲裁

冲裁是使板料沿封闭轮廓线分离的工序。

冲裁包括冲孔和落料，如图 2-18 所示。二者操作方法相同，但作用不同。冲孔是在板料上冲出所需要的孔洞，冲孔后的板料是成品，而冲下的部分是废料；落料时，从板料上冲下的部分是成品，板料本身则成为废料或冲剩的余料。合理地确定零件在板料上的排列方式，是节约材料的重要途径。

2. 弯曲

弯曲是使坯料的一部分相对另一部分弯曲一定角度的冲压工序。与冲裁模不同，弯曲模冲头的端部与凹模的边缘，必须加工出一定的圆角，以防止工件弯裂。图 2-19 所示是一块板料经过多次弯曲后，制成具有圆截面的筒状零件的过程。

3. 拉深

拉深是将平面板料制成中空形状零件的工序，又称拉延。平面板料在拉深模作用下成为杯形或盒形工件，如图 2-20 所示。

为避免零件拉裂，冲头和凹模的工作部分应加工成圆角。冲头和凹模之间要留有相当于板厚 1.1～1.2 倍的间隙，以保证拉深时板料顺利通过。为减小摩擦阻力，拉深时要在板料或模具上涂润滑剂。同时为防止板料起皱，通常用压边圈将板料压住。

每次拉深时，板料的变形程度都有一定的限制，需经多次拉深才能完成。由于拉深过程中金属产生冷变形强化，因此拉深工序之间有时要进行退火，以消除硬化和恢复塑性。

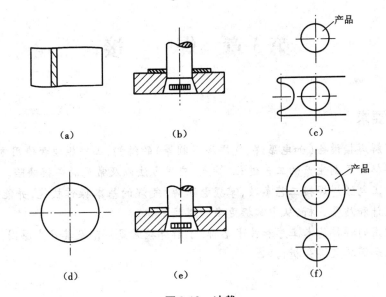

（a）   （b）   （c）

（d）   （e）   （f）

图 2-18 冲裁

（a）坯料；（b）落料过程；（c）冲剩的余料；（d）平板坯料；（e）冲孔过程；（f）废料

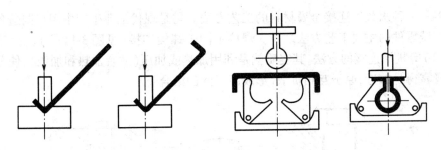

图 2-19 带有圆截面的筒状零件的弯曲过程

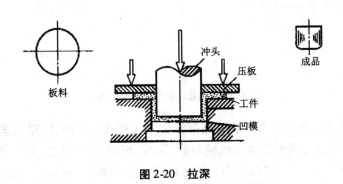

图 2-20 拉深

第3章 焊　　接

实习目的及要求

　　1. 现场了解焊接设备(如电弧焊、气焊和气割等)的结构、工作原理和使用方法。

　　2. 了解焊接和气割生产的工艺过程、特点、应用方法以及常见的焊接缺陷。

　　3. 熟悉手工电弧焊焊接工艺参数,掌握电弧焊、气焊的基本操作技能,并能对焊接件初步进行工艺设计和质量分析,从中掌握更多的焊接知识。

　　4. 了解常用的焊接基本工序和技术名称,了解焊接常见缺陷及其产生原因,了解焊接生产安全及技术和简单经济分析内容。

3.1　焊接概述

　　焊接是一种永久性连接金属材料的工艺方法。它是现代工业生产中用来制造各种金属结构和机械零件的主要工艺方法之一。焊接不同于螺栓连接(见图 3-1(a))、铆钉连接(见图 3-1(c))等机械连接的方法,其实质就是利用加热或加压(或者加热和加压),使分离的两部分金属靠得足够近,原子互相扩散,形成原子间的结合。

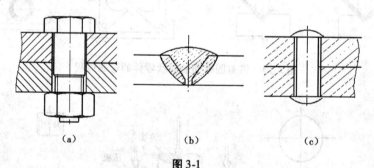

(a)　　　　　　　　　(b)　　　　　　　　　(c)

图 3-1

(a)螺栓连接;(b)焊接;(c)铆接

　　材料、型材或零件连接成零件或机器部件的方式有机械连接、物理化学连接和冶金连接(焊接)三类。这些连接成形技术在机械制造、建筑、车辆、石油化工、原子能、航空航天及各种尖端科学技术中发挥着积极的作用。机械连接是指用螺钉、螺栓和铆钉等紧固件将两部分分离型材或零件连接成一个复杂零件或部件的过程。物理和化学连接是用粘胶或钎料通过毛细作用、分子间扩散及化学反应等作用,将两个分离表面连接成不可拆接头的过程,通常指封焊、胶接等。冶金连接即为焊接。

　　1. 焊接的分类

　　焊接是通过加热或加压(或两者并用),并使用(或不用)填充材料,使焊件形成原子间的结合,从而实现永久性(不可拆卸)连接的一种加工方法。

焊接方法的种类很多,各种焊接方法从原理理论到焊接技术、工艺都有相当的不同。但按焊接过程的物理特点可归纳为三大类,即熔焊、压焊和钎焊。

1)熔焊

熔焊是利用局部加热的方法,把工件的焊接处加热到熔化状态,形成熔池,然后冷却结晶,形成焊缝,将两部分金属连接成为一个整体的工艺方法。

2)压焊

压焊是在焊接过程中需要加热或加热、加压的一类焊接方法。

3)钎焊

钎焊是利用熔点比母材低的钎料,使其熔化后,填充接头间隙并与固态的母材相互扩散实现连接的一种焊接方法。

2. 焊接的特点

焊接主要用于制造各种金属结构件,如锅炉、压力容器、管道、船舶、车辆、桥梁、飞机、火箭、起重机、冶金设备等;也用于制造机器零件(或毛坯),如重型机械和冶金、锻压设备的机架、底座、箱体、轴、齿轮等;还用于修补铸、锻件的缺陷和局部受损的零件,在生产中具有较大的经济意义;也用于电气线路和各种元器件的连接,如电子管和晶体管电路、变压器绕组以及输配电线路中的导体也离不开焊接技术。焊接之所以得到如此广泛的应用,是因为它具有如下一系列的特性,但同时,它也存在着一些缺点。

1)优点

(1)连接性能好,密封性好,承压能力高。

(2)省料,质量小,成本低。

(3)加工装配工序简单,生产周期短。

(4)易于实现机械化和自动化。

2)缺点

(1)焊接结构是不可拆卸的,更换修理不便。

(2)焊接接头的组织和性能往往要变坏。

(3)会产生焊接残余应力和焊接变形。

(4)会产生焊接缺陷,如裂纹、未焊透、夹渣、气孔等。

因此,工程技术人员要了解并掌握焊接技术,发挥其优点,抑制其缺点,让焊接工艺更好地为生产服务。

3.2 手工电弧焊

3.2.1 手工电弧焊的焊接过程

手工电弧焊通常又称为焊条电弧焊,属于熔化焊焊接方法之一,它是利用电弧产生的高温、高热量进行焊接的。

工件和焊条之间的空间在外电场的作用下,产生电弧(见图 3-2 和图 3-3)。该电弧的弧柱温度可高达 6 000 K(阴极温度达 2 400 K,阳极温度达 2 600 K)。它一方面使工件接头处局部熔化,同时也使焊条端部不断熔化而滴入焊件接头空隙中,形成金属熔池。当焊条移开后,熔池金属很快冷却、凝固形成焊缝,使工件的两部分牢固地连接在一起。手工电弧焊的适用范围很广,是焊接生产中普遍采用的方法。

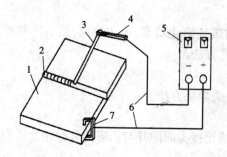 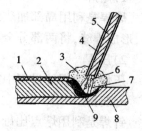

图 3-2　焊接示意图

1—零件;2—焊缝;3—焊条;4—焊钳;
5—焊接电源;6—电缆;7—地线夹头

图 3-3　焊接剖面图

1—熔渣;2—焊缝;3—保护气体;
4—药皮;5—焊芯;6—熔滴;
7—电弧;8—母材;9—熔池

3.2.2　手工电弧焊焊接设备与工具

按照产生电流的种类和性质,手工弧焊机可分为交流弧焊机(即弧焊变压器)和直流弧焊机(即弧焊整流器)两类。

1. 交流弧焊机

交流弧焊机是一种特殊的降压变压器,它具有结构简单、噪声小、价格低、使用可靠、维护方便等优点,但电弧稳定性较差。BX1—330 型弧焊机是目前用得较广的一种交流弧焊机,其外形如图 3-4 所示。型号中"B"表示弧焊变压器,"X"表示下降外特征(电源输出端电压与输出端电流的关系称为电源的外特征),"1"为系列品种序号,"330"表示弧焊机的额定焊接电流为 330 A。

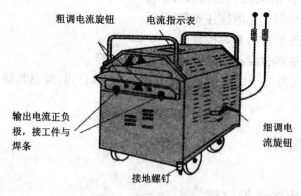

图 3-4　BX1—330 交流弧焊机

交流弧焊机可将工业用的电压(220 V 或 380 V)降低至空载时的电压(60～70 V)、电弧燃烧时的电压(20～35 V),电流调节范围为 50～450 A。它的电流调节要经过粗调和细调两个步骤。粗调是改变焊机一次接线板上的活动接线片,以改变二次线圈匝数来实现。

具体操作方法是改变线圈抽头的接法以选定电流范围。细调是通过改变活动铁芯的位置来进行的。具体操作方法是借转动调节手柄,并根据电流指示表将电流调节到所需参数。

交流弧焊机具有结构简单、易造易修、成本低、效率高等优点。但其电流波形为正弦波,电弧稳定性较差,功率因数低,但磁偏吹现象很少产生,空载损耗小,一般应用于手工电弧焊、埋弧焊和钨极氩弧焊等方法。

交流弧焊机操作规程如下。

操作前的准备工作:①检查电源总开关是否已启;②检查引出线及各接线点是否良好;③检查工作固线是否绝缘良好,焊条的夹钳绝缘是否良好;④检查接地线、电焊工作回线及焊机场地是否有易燃易爆物品(若有应清除)。

操作步骤:①将开关旋钮顺时针转离"0"位至所需位置,焊机接通;②将开关旋钮逆时针转至"0"位,焊机关闭。焊接当中发生异常情形应立即切断电源。

2. 直流弧焊机

直流弧焊机输出端有正、负极之分,弧焊机正、负两极与焊条、焊件有两种不同的接线法:将焊件接到弧焊机正极,焊条接至负极,这种接法称正接,又称正极性;反之,将焊件接到负极,焊条接至正极,称为反接,又称反极性。焊接厚板时,一般采用直流正接,这是因为电弧正极的温度和热量比负极高,采用正接能获得较大的熔深。焊接薄板时,为了防止烧穿,常采用反接。但在使用碱性焊条时,均采用直流反接。而采用交流弧焊机焊接时,由于两极不断变化,所以不存在正接反接这个问题。

直流弧焊机分为整流式直流弧焊机和逆变式直流弧焊机两种。

1) 整流式直流弧焊机

整流式直流弧焊机简称整流弧焊机,是通过整流器把交流电转变为直流电的弧焊机。整流弧焊机弥补了交流弧焊机稳定性差的缺点,且结构简单、制造方便、空载损失小、噪声小,但价格比交流弧焊机高。

图 3-5 所示是型号为 ZXG—300 的整流弧焊机,其中,"Z"表示弧焊整流器;"X"表示下降外特性;"G"表示该整流弧焊机采用硅整流原件;"300"表示整流弧焊机的额定焊接电流为 300 A。

2) 逆变式直流弧焊机

逆变式直流弧焊机简称逆变弧焊机,它首先将输入电压整流滤波成直流电压,然后通过功率电子开关转换成高频的交流电压,接着再通过变压器将此电压变为适合焊接工艺要求的交流电压,最后经整流滤波变为直流焊接电压。逆变弧焊机具有高效节能、重量轻、体积小、调节速度快和良好的弧焊工艺性等优点。

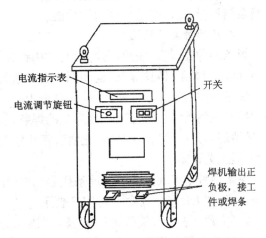

电流指示表
开关
电流调节旋钮

焊机输出正负极,接工件或焊条

图 3-5 ZXG—300 整流式直流弧焊机

3. 工具

进行手工电弧焊时,常用的工具有焊钳、面罩、钢丝刷和尖头锤。焊钳是用来夹持焊条进行焊接的工具。面罩用来保护眼睛和脸部,免受弧光危害。钢丝刷和尖头锤用于清理和除渣。

3.2.3 焊条的组成和特点

焊条是手工电弧焊采用的焊接材料,由焊芯和药皮两部分组成。

1. 焊芯

焊芯是焊条中被药皮包裹的金属丝,具有一定的直径和长度。焊芯的直径称为焊条直径,焊芯的长度称为焊条的长度。表 3-1 所示为常见焊条的直径和长度规格。

表 3-1 常见焊条的直径和长度规格   mm

焊条直径	2.0	2.5	3.2	4.0	5.0
焊条长度	250,350	250,350	350,400	350,400,450	450,500

在焊接过程中,焊芯的主要作用是:作为电极传导电流,产生电弧;熔化后作为填充金属,与熔化的母材一起形成焊缝金属。

2. 药皮

药皮是压涂在焊芯表面上的涂料层,由矿石粉、铁合金粉和黏结剂等原料按照一定比例配制而成,其主要作用如下。

(1)改善焊条的工艺性:使电弧稳定、飞溅少、产生有害气体少、焊缝成形美观、易脱渣等。

(2)机械保护作用:利用药皮熔化后产生的气体和形成的熔渣,对熔化金属起机械隔离作用。

(3)冶金作用:去除有害杂质,如氧、氢、硫、磷等,同时增添有益的合金元素,从而改善焊缝金属质量,提高焊缝金属力学性能。

3. 焊条的种类及选用

焊条的种类很多,按照用途分为:结构钢焊条、钼和铬钼耐热钢焊条、不锈钢焊条、堆焊焊条、低温钢焊条、铸铁焊条、铜和铜合金焊条、铝和铝合金焊条、特殊用途焊条等。

焊条按照熔渣化学性质的不同,可分为酸性焊条和碱性焊条。其中,酸性焊条是指药皮熔化后形成的熔渣以酸性氧化物为主的焊条,如 E4304、E5003 等,它的工艺性好,力学性能差;碱性焊条是指熔渣以碱性氧化物和氟化物为主的焊条,如 E4315、E5015 等,它的力学性能好,但工艺性差。

焊条型号是国家标准中的焊条代号,如标准规定碳钢焊条型号是以字母"E"加四位数字组成,例如 E4315。其中字母"E"表示焊条;前两位数字表示熔敷金属抗拉强度的最小值;第三位数字表示焊接位置("0"及"1"表示焊条适用于全位置焊接,即平焊、立焊、横焊、仰焊,"2"为平焊及平角焊等);第三、第四位数字组合时表示焊条的药皮类型及适用的电源种类。

焊条牌号是焊条行业统一的焊条代号,常用的酸性焊条牌号有 J422、J502 等,碱性焊条牌号有 J427、J506 等。牌号中的"J"表示结构钢焊条;牌号中三位数字的前两位"42"或"50"表示焊缝金属的抗拉强度等级,分别为 420 MPa 或 500 MPa;最后一位数表示药皮类型和焊接电源种类,1~5 为酸性焊条,使用交流或直流电源均可,6~7 为碱性焊条,只能用直流电源。

3.2.4 焊接工艺

1. 焊接接头

焊接接头是指用焊接方法连接的接头,常见的焊接接头形式有对接接头、搭接接头、角接接头和丁字(T 形)接头等,如图 3-6 所示。

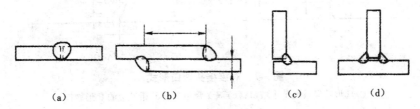

（a）   （b）   （c）   （d）

图 3-6 常用焊接接头形式

（a）对接接头;（b）搭接接头;（c）角接接头;（d）丁字接头

1）对接接头

对接接头是指两焊件表面构成的近似 180°角的接头形式。对接接头受力均匀,应力集中,是最常用的焊接接头形式。

2）搭接接头

搭接接头是指两焊件部分重叠构成的接头。搭接接头消耗钢板较多,在受外力作用时,因两工件不在同一平面上,故能产生很大的力矩,使焊缝应力复杂,一般应避免使用。但是搭接接头不需要开坡口,装配时尺寸要求不高。因此,对于一些不太重要的结构件,采用搭接接头可节省工时。

3）角接接头

角接接头是指两焊件端部构成一个明显夹角的接头。

4）丁字接头

丁字接头是指一个焊件端面与另一个焊件表面构成直角或者近似直角的接头。

2. 坡口形式

在使用对接接头焊接焊件时,在焊件接头处只需留出一定间隙即可焊透。如果焊件厚度大于 6 mm,焊前需要把焊件的待焊部位加工成一定的几何形状(即坡口),以便于焊条能深入底部引弧焊接,保证焊透。开坡口时,应留出 1~3 mm 的钝边,以免焊穿。

常见的对接接头的坡口形式有 I 形坡口、Y 形坡口、双 Y 形坡口和带钝边的 U 形坡口,如图 3-7 所示。

在焊接较厚的焊件时,为了焊满坡口,常采用多层焊或多层多道焊,如图 3-8 所示。

3. 焊接空间位置

焊接空间位置是指焊接时焊缝所处的空间位置,可分为平焊、立焊、横焊和仰焊等,如图 3-9 所示。其中,平焊操作最容易,且劳动条件好,生产效率高,焊缝质量好。因此焊接时,最好采用平焊,其次采用立焊、横焊。

4. 焊接工艺参数

焊接工艺参数是为了保证焊接质量和效率而选定的诸物理量的总称。手工电弧焊的工

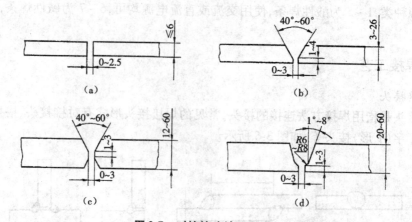

图 3-7　对接接头坡口形式

(a)Ⅰ形坡口;(b)Y形坡口;(c)双Y形坡口;(d)带钝边的U形坡口

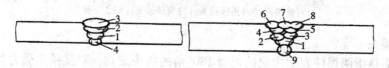

图 3-8　Y形坡口多层焊

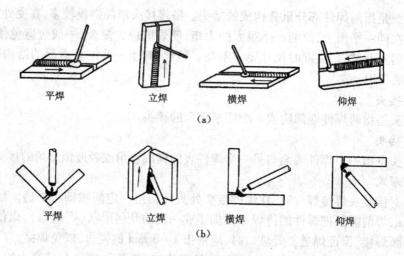

图 3-9　焊接空间位置

(a)对接接头;(b)角接接头

艺参数主要有焊条直径、焊接电流、电弧电压、焊接速度等。

1)焊条直径

焊条直径的选取主要取决于焊件的厚度。焊件较厚时,应选择较粗的焊条;焊件较薄时,选择较细的焊条。一般情况下,可参考表 3-2 所示参数选择焊条直径。

立焊和仰焊时,焊条直径比平焊时细些。

表 3-2　依据焊接厚度近似选择焊条直径

焊件厚度（mm）	<4	4~7	8~12	>12
焊条直径 d（mm）	<焊件厚度	3.2~4.0	4.0~5.0	4.0~5.8

2）焊接电流

焊接电流应根据焊条直径来选取。对一般的钢焊件,可以根据下面的经验公式来确定。

$$I = Kd$$

式中：I——焊接电流,A；

d——焊接直径,mm；

K——经验系数,其值见表 3-3。

表 3-3　依据焊条直径近似选择经验系数

焊条直径 d（mm）	1.6	2.0~2.5	3.2	4.0~5.8
经验系数 K（A/mm）	20~25	25~30	30~40	40~50

在实际生产中,电流大小的选取还应考虑焊件的厚度、接头形式、焊接位置、焊条种类等具体情况。在保证焊接质量的前提下,应尽量选用较大的焊接电流,配合较高的速度,以提高焊接生产效率。

3）焊接速度

焊接速度是指单位时间内焊接电弧沿焊件接缝处移动的距离。焊接速度对焊接质量有很大的影响,焊接速度过快,易产生焊缝熔深、焊宽太小及未焊透等缺陷；而焊接速度过慢,会导致焊缝熔深、熔宽增加,焊接薄件时可能产生烧穿缺陷。实习时薄板焊接一般控制在要求焊缝长度大体等于已使用焊条长度,即焊条消耗速度大体相当于焊接速度。

4）电弧电压

电弧电压是指电弧两极之间的电压降。电弧电压由电弧长度（焊芯熔化端到焊接熔池表面的距离）决定,电弧长则电压高,反之则低。但是电弧也不能过长,因为电弧太长,电弧飘摆,燃烧不稳定,使得熔深较小,熔宽加大,容易产生焊接缺陷；若电弧太短,熔滴过度时,可能造成短路,使操作困难。合理的电弧长度小于或等于焊条直径。

3.2.5　焊接过程

1.备料

按图纸要求对原材料划线,并裁剪成一定形状和尺寸。注意选择合适的接头形式,当工件较厚时,接头处还要加工出一定形状的坡口。

2.施焊

焊条电弧焊是在面罩下观察和进行操作的,视野不清,工作条件较差。因此,要保证焊接质量,不仅要求有较为熟练的操作技术,还应使注意力高度集中。

1）引弧

引弧是指使焊条和焊件之间产生稳定的电弧。引弧的方法有划擦法和敲击法,即首先将焊条末端与焊件表面轻划或轻敲形成短路,然后迅速将焊条提起 2 ~ 4 mm 的距离,电弧即可引燃。如距离超过 5 mm,电弧就会熄灭;提起速度太慢,焊条就会粘在工件表面上,这时可左右摆动焊条,拉起焊条重新起弧。焊接前,应把工件接头两侧 20 mm 范围内的表面清理干净(消除铁锈、油污、水分),并使焊条芯的端部金属外露,以便进行短路引弧。引弧方法如图 3-10 所示,有敲击法和划擦法两种。其中划擦法比较容易掌握,适宜于初学者。

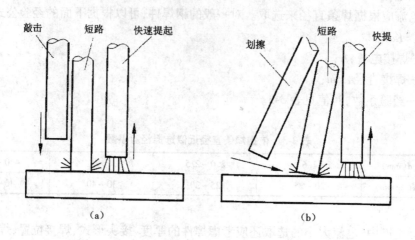

图 3-10　引弧方法

(a)敲击法;(b)划擦法

开始焊接时,由于焊件温度较低,引弧后不能迅速使这部分焊件升温,所以熔深较浅。为了保证焊接质量,可在引弧后先将电弧稍微拉长些,对焊件进行必要的预热后,再适当地压低电弧进行焊接。

2)运条

为了使焊接过程顺利进行,并使焊缝成形效果好,应掌握好焊条角度和运条基本动作,如图 3-11 所示。运条有三个基本运动:沿焊接方向移动、横向摆动和向下送进。其中,沿焊接方向移动应与焊条熔化的速度保持一致,如果移动速度太快则焊不透,太慢则焊缝太宽,甚至会烧穿焊件;横向摆动是为了获得所需要的焊缝宽度;向下送进是焊条向熔池方向不断送进,送进的速度应与焊条熔化的速度相一致,以维持稳定的电弧长度。

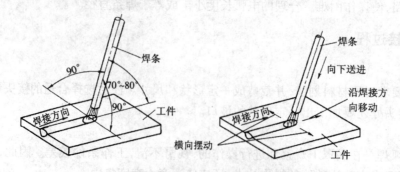

图 3-11　平焊时焊条空间位置和焊条基本运动

3）焊缝的收尾（灭弧、熄弧）

收尾时将焊条端部逐渐往坡口边斜角方向拉，同时逐渐抬高电弧，以缩小熔池，减小金属量及热量，使灭弧处不致产生裂纹、气孔等。灭弧时焊接处堆高弧坑的液态金属会使熔池饱满过度，因此焊好后应锉去或铲去多余部分。

常用的收尾操作方法有多种：①画圈收尾法，它利用手腕作圆周运动，直到弧坑填满后再拉断电弧；②反复断弧收尾法，在弧坑处反复地熄弧和引弧，直到填满弧坑为止；③回焊收尾法，到达收尾处后停止焊条移动，但不熄弧，待填好弧坑后拉起来灭弧，如图3-12所示。

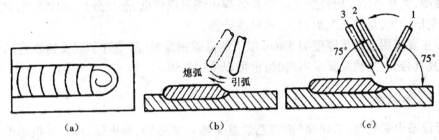

图3-12　平焊的收尾方法

（a）画圈收尾法；（b）反复断弧收尾法；（c）回焊收尾法

3.2.6　其他接头焊接

1. 丁字形接头的平角焊

当焊脚小于6 mm时，可用单层焊，选用直径4 mm焊条，采用直线形或斜圆形运条法，焊接时保持短弧，防止产生偏焊及垂直板上咬边（见图3-13）。焊脚在6～10 mm时，可用两层两道焊，焊第一层时，选用3.2～4 mm焊条，采用直线形运条法，必须将顶角焊透，以后各层可选用4～5 mm焊条，采用斜圆形运条法，要防止产生偏焊及咬边现象。

2. 搭接横角焊

搭接横角焊时，主要的困难是上板边缘易因电弧高温熔化而产生咬边，同时也容易产生偏焊，因此必须掌握好焊接角度和运条方法，基本原则是电弧要偏向于厚板一侧，其偏角的大小可依板厚来决定（见图3-14）。

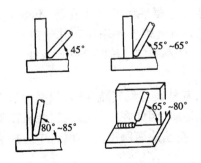

图3-13　丁字形接头的焊条角度

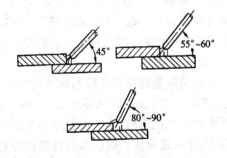

图3-14　搭接的焊条角度

3.3　气焊与气割

气焊是利用气体火焰燃烧产生高热来熔化母材以及填充材料焊接金属的一种焊接方法,如图 3-15 所示。气焊最常用的气体是乙炔,乙炔与氧气混合燃烧形成的火焰叫氧乙炔焰,温度可达到 3 200 ℃。与手工电弧焊相比,气焊容易控制熔池温度,易于实现均匀焊透、单面焊双面成形;气焊设备简单,移动方便,施工场地不受限制,不需要电源,便于焊前预热及焊后缓冷,尤其适用于野外施工。但是气焊火焰温度较低,热量分散,加热较慢,生产效率低,焊件变形严重,且接头组织粗大,机械性能差。

气焊主要应用于焊接厚度为 3 mm 以下的低碳钢薄板、薄壁管子以及铸铁件的焊补,对于铝、铜及其合金,当质量要求不高时,也可以采用气焊。

3.3.1　气焊设备

气焊设备由氧气瓶、乙炔瓶(或者乙炔发生器)、减压器、回火保险器、焊炬等组成,如图 3-16 所示。

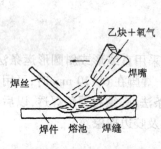

图 3-15　气焊解剖示意图

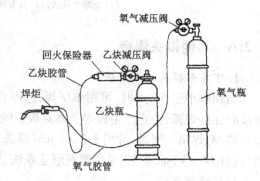

图 3-16　气焊设备

1.氧气瓶

氧气瓶是存储和运输氧气的高压容器,如图 3-17 所示。常用的氧气瓶的容积为 40 L,在 15 MPa 工作压力下,可储存 6 m³ 的氧气。氧气瓶的外瓶应涂成天蓝色,并用黑漆写上"氧气"字样。为防止氧气瓶爆炸,使用时应注意:氧气瓶一定要平稳可靠地放置,不得与其他气瓶混放在一起;运输时应避免相互碰撞;氧气瓶不得靠近气焊工作场地和其他热源(如火炉、暖气片等);严禁在瓶上沾染油脂;夏天要防止暴晒,冬季阀门冻结时严禁用火烤。

2.乙炔瓶

乙炔瓶是存储和运输乙炔用的容器,如图 3-18 所示,其外表与氧气瓶相似,只是涂成白色,并写上"乙炔"和"火不可近"字样。由于乙炔是易爆物质,因此在乙炔瓶内应装有浸满丙酮的多孔性填料,使乙炔稳定而又安全地储存在瓶内。在乙炔瓶阀下面的填料中应放有石棉,作用是促使乙炔从多孔性填料中释放出来。

使用乙炔瓶时,除了应遵守氧气瓶的使用要求外,还应注意:乙炔瓶必须配备回火保险器,瓶内温度不得超过 30 ~ 40 ℃;搬运、装卸、存放和使用时应竖直放稳,不得遭受剧烈震动;乙炔瓶和氧气瓶之间距离不得小于 5 m;存放乙炔瓶的场地应注意通风。

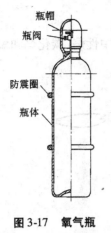

图 3-17 氧气瓶

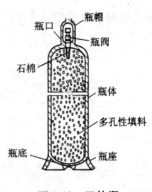

图 3-18 乙炔瓶

3. 减压器

减压器是将高压气体降为低压气体的调节装置,减压器的作用是降低气瓶输出的气体压力,并保证降压后的气体压力稳定,而且可以调节输出气体的压力。

4. 回火保险器

回火保险器是装在乙炔减压器和焊炬之间,防止火焰沿乙炔管道回烧的安全装置。正常气焊时,气体火焰在焊嘴外面燃烧,但当气体压力不足、焊嘴阻塞、焊嘴离焊件太近或者焊嘴过热时,气体火焰会进入喷嘴内逆向燃烧(即回火)。发生回火时,应立即关闭乙炔阀。

5. 焊炬

焊炬是用于控制火焰进行焊接的工具。焊炬的作用是将氧气和乙炔按照一定的比例混合均匀,由焊嘴喷出,点火后形成氧 – 乙炔火焰。按照气体混合方式的不同,焊炬分为射吸式和等压式两种。其中,射吸式应用比较广泛,其结构如图 3-19 所示。

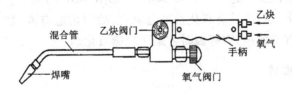

图 3-19 射吸式焊炬

6. 焊丝与气焊熔剂

1)焊丝

焊丝是焊接时作为填充材料与熔化的母材一起形成焊缝的金属丝。一般情况下,焊丝的化学成分应与母材相匹配,例如,焊接低碳钢时,常用的焊丝为 H08 和 H08A。此外,为了保证焊接接头质量,焊丝直径与焊件厚度不宜相差太多。

2)气焊熔剂

气焊熔剂是指气焊时的助熔剂,其作用是去除焊接过程中形成的氧化物,增加液态金属的流动性,保护熔池金属。气焊低碳钢时,由于气体火焰能充分保护焊接区,因此不需要气焊熔剂。但在气焊铸铁、不锈钢、耐热钢和非铁金属时,必须使用气焊熔剂。

3.3.2　气焊火焰

改变乙炔和氧气的混合比例,可以得到三种不同的火焰,即中性焰、碳化焰和氧化焰,如图3-20所示。

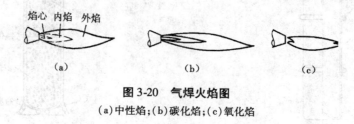

图 3-20　气焊火焰图
(a)中性焰;(b)碳化焰;(c)氧化焰

1)中性焰

中性焰是氧气与乙炔的混合比为 1.1~1.2 时燃烧形成的火焰,由焰心、内焰和外焰三部分组成,如图3-20(a)所示。中性焰在焰心前面 2~4 mm 处温度最高,可达到 3 150 ℃。中性焰的火焰燃烧充分,燃烧产生的二氧化碳和一氧化碳对熔池有保护作用。中性焰主要用于焊接低碳钢、中碳钢、不锈钢、紫铜、铝及其合金等。

2)碳化焰

碳化焰是氧气与乙炔的混合比小于 1.1 时燃烧形成的火焰,由焰心、内焰和外焰三部分组成。碳化焰整个火焰比中性焰长,但温度只有 2 700~3 000 ℃,如图3-20(b)所示。碳化焰燃烧时乙炔过剩,火焰中有游离状态的碳和过量氢,碳会渗透到熔池中造成焊缝增碳现象。碳化焰主要应用于焊接含碳较高的高碳钢、铸铁、硬质合金及高速钢等。

3)氧化焰

氧化焰是氧气与乙炔的混合比大于 1.2 时燃烧形成的火焰,由焰心和外焰两部分组成,整个火焰比中性焰短,温度可达 3 100~3 300 ℃,如图3-20(c)所示。氧化焰燃烧时氧气过剩,在尖形焰心外面形成一个具有氧化性的富氧区,故对熔池有强烈的氧化作用,一般气焊时不宜采用,只有在气焊黄铜、镀锌板时才采用轻微氧化焰。

3.3.3　气焊基本操作

1.点火、调节火焰与灭火

点火时,先微开氧气阀,再打开乙炔阀,随后点火,这时的火焰是碳化焰。然后,慢慢开大氧气阀门,将碳化焰调整到所需的火焰。火焰大小可以按照焊件厚度调整。若要增大火焰,需先增加乙炔,后增加氧气;若要减小火焰,需先减少氧气,后减少乙炔。

灭火时,应先关乙炔阀,再关氧气阀,以防止引起回火现象。当发生回火时,应迅速关闭氧气阀,然后再关掉乙炔阀。

2.焊接工艺

气焊时,一般右手持焊炬,左手持焊丝。两手的动作要协调,然后沿焊缝向左或向右焊接。

焊接时,应使焊嘴轴线的垂直投影与焊缝重合,并控制好焊嘴与焊件的夹角。开始焊接时,为迅速加热焊件,尽快形成熔池,倾斜角应大些,一般为 80°~90°,熔池形成后,倾角应保持在 40°~50°。但是焊接厚工件时,为使热量集中、升温快、熔池大,倾斜角应适当加大;焊接结束后,夹角应适当减小,以填满弧坑。

3.3.4　氧气切割

1. 气割原理

氧气切割简称气割,是利用气体火焰的热能将工件待切处预热到一定温度后,喷出高压氧气流,使金属燃烧并放出热量实现切割的方法,如图 3-21 所示。中间孔一般通氧气,周围圆柱孔通乙炔气。

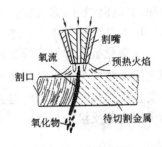

图 3.21　气割原理

气割的原理是:气割开始时,用气体火焰将待割处附近的金属预热到燃点,然后打开切割氧气阀,纯氧射流使高温金属燃烧,生成的高温金属氧化物被燃烧热熔化,并被氧流吹掉。金属燃烧产生的热量和预热火焰同时又把邻近的金属预热到燃点。此时,割炬沿切割线以一定速度移动便形成割口。

在整个气割过程中,割件金属没有熔化。因此,气割的实质是金属在纯氧中的燃烧,而不是金属的熔化。

2. 金属气割条件

金属材料必须具备以下条件,才能进行气割。

(1)金属材料的燃点必须低于熔点,这样才能保证金属在固体状态下燃烧,而不是熔化。如果金属材料的熔点低于燃点,则金属在气割过程中首先熔化,由于液态金属的流动性,使得割口处不整齐。

(2)生成的金属氧化物的熔点应低于金属本身的熔点,同时流动性要好。否则,将在割口处形成固态氧化物,从而阻碍氧气流与切割处金属的接触,使切割过程不能顺利进行。金属燃烧时能放出大量的热,而且金属本身的导热性要低,这样才能保证气割处的金属具有足够的预热温度,使气割能顺利进行。铜、铝及其合金的导热都很快,不能气割。

满足上述条件的金属有低碳钢、中碳钢、低合金结构钢和纯铁等。而铸铁、不锈钢、铜、铝等均不满足上述条件,不能进行气割。

3. 气割设备

气割设备中,除用割炬代替焊炬外,其他设备(氧气瓶、乙炔瓶、减压器、回火保险器等)与气焊时相同。割炬按照可燃性气体与氧气混合的方式不同,可分为射吸式和等压式两种。其中,射吸式割炬主要应用于手工气割,其结构如图 3-22 所示;等压式割炬主要应用于机械气割。

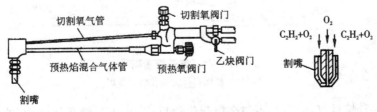

图 3-22　射吸式割炬及喷气割嘴

3.4 气体保护焊

气体保护焊是利用外加气体作为电弧介质,并利用它来保护电弧和焊接区的电弧焊。常用的气体保护焊有二氧化碳气体保护焊和氩弧焊。

1. 二氧化碳气体保护焊

二氧化碳气体保护焊简称 CO_2 焊,是利用 CO_2 气体作为保护介质的气体保护焊。CO_2 焊的操作方式分为半自动和自动两种。其中,半自动 CO_2 焊在生产中应用最广泛,其设备主要包括焊接电源、焊枪、送进系统、供气系统和控制系统等,如图 3-23 所示。焊接时,电源需采用直流反接。

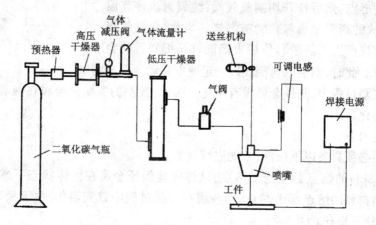

图 3-23 二氧化碳焊接设备及原理示意图

CO_2 焊的优点是:由于焊接采用 CO_2 气体,因此成本低廉;焊接电流密度大,热量利用率高,因此生产效率高;焊接薄板时,比气焊速度高,变形小;操作灵活,适用于各种位置的焊接;焊缝抗裂性能和力学性能好,焊接质量高。

2. 氩弧焊

用氩气作为保护气体的电弧焊称为氩弧焊。按电极材料不同可分为非熔化极(钨极)氩弧焊和熔化极氩弧焊两种,如图 3-24 所示。

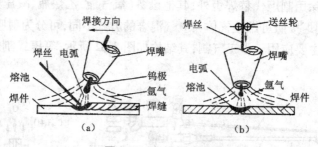

图 3-24 氩弧焊喷嘴

(a)钨极氩弧焊;(b)熔化极氩弧焊

氩气是一种惰性气体,它既不与金属起化学反应,也不溶解于熔池中,能有效地保护焊体,而且电弧热量集中,焊件热影响区小,焊件变形小,因此焊接接头质量高。此外,氩弧焊时无熔渣,故不需清渣,无夹渣缺陷;可进行全位置的焊接,并能焊接 0.5 mm 以下的薄板。所以,它适用于铝、钛、镁、铜及其合金和各种不锈钢、耐热钢等难焊材料的焊接;但因氩气价格较贵,氩弧焊主要用于重要结构的焊接。

3.5 焊接质量与缺陷分析

3.5.1 焊接缺陷

在焊接生产过程中,如果焊接方式选择不合适或焊接操作方法不当,均会产生各式各样的焊接缺陷,从而直接影响焊接接头的质量及焊接结构的安全性。常见的焊接缺陷有咬边、烧穿、未焊透、夹渣、气孔等,如表 3-4 所示。

表 3-4 常见焊接缺陷及产生原因

名称	简 图	特 征	原 因
咬边		在焊件与焊缝边缘的交接处有小的沟槽	①焊接电流太大;②电弧过长;③运条方法或焊条角度不适当
烧穿		在焊接接头区域内出现金属局部破裂现象	①坡口间隙太大;②电流太大或者焊速太慢
未焊透		焊接时,接头根部未完全焊透	①焊接速度过快,焊接电流太小;②坡口间隙或角度小
夹渣		焊后在焊缝金属中残留非金属夹杂物	①焊接电流太小,焊接速度太快;②多层焊时,各层熔渣未清除干净
气孔		焊接时,熔池中融入的气体(如 H_2、N_2、CO 等)在凝固时未能逸出,形成气孔	①焊件有油、锈、水等杂质;②焊接电流太大、速度过快或弧长过长
裂纹		在焊接过程中或焊接后,焊接接头区域内出现金属局部破裂	①熔池中含有较多的硫、磷或氢;②焊接顺序不当;③焊接应力过大
焊瘤		熔化金属流到焊缝外未熔化母材上形成的金属瘤	电流过大或焊速太慢,一般发生在立焊或仰焊时

3.5.2 常见焊接缺陷检验方法

1. 外观检验

焊接后利用样板、低倍放大镜或肉眼检验焊接产品,以发现表面缺陷及检测焊接件外观尺寸精度、形状精度。

2. 无损检验

无损检验包括着色检验、射线检验、超声波检验和磁粉检验等四种方法,其特点如下。

1)着色检验

将着色剂喷洒、刷涂或浸渍在被检查的物体上,通过其流动和渗透来检验焊件表面的微小缺陷。

2)射线检验

利用 X 或 γ 射线对焊件进行照相,然后根据底片影像判断焊件是否存在内部缺陷。

3)超声波检验

用探头向焊件发射超声波,通过发射后形成的脉冲波形来检验焊件质量。

4)磁粉检验

利用焊件被磁化后磁粉会吸附在缺陷处的现象来判断焊件是否存在缺陷。

3. 致密性检验

致密性检验主要用于检测不受压或压力很低的容器、管道的焊缝是否存在穿透性缺陷,其方法是向容器内注入 1.25～1.5 倍工作压力的水或等于工作压力的气体,然后在其外部观察有无渗漏现象。

另外,在检验焊件时,还可以采用破坏性检验,即从焊件或试样上切取试样,或以产品的整体破坏做试验,来检验其各种力学性能、化学成分和金相组织。

第4章 钳 工

实习目的及要求

1. 了解钳工工作在机械制造及维修中的作用。
2. 掌握划线、锯削、锉削、攻螺纹和套螺纹的方法及应用。
3. 掌握钳工常用工具、量具的使用方法。
4. 了解钻床的组成、运动和用途。
5. 了解机械装配的基本知识,能装拆简单部件。

钳工实习安全技术要求

1. 钳台应放在光线适宜、便于操作的地方。
2. 钻床、砂轮机应放在场地边缘。操作钻床时,不允许戴手套;使用砂轮机时,要戴防护眼镜,以保证安全。
3. 零件或坯料应平稳整齐地放在规定区域,并避免碰伤已加工表面。
4. 工具安放应整齐,取用方便。不用时,应整齐地收藏于工具箱内,以防损坏。
5. 量具应单独放置和收藏,不要与工件或工具混放,以保持精确度。
6. 清除切屑要用刷子,不要用嘴吹,更不要用手直接去抹、拉切屑,以免划伤。
7. 要经常检查所用的工具和机床是否损坏,发现有损坏不得使用,须修好后再用。
8. 使用电动工具时,应有绝缘防护和安全接地措施。

4.1 钳工概述

钳工以手工操作为主,使用手工工具(如刮刀、锉刀、手锯等)或机动工具(如机动锉刀、电钻等)完成对零件的制造工作。其基本操作有划线、錾削、锯削、锉削、钻孔、扩孔、铰孔、攻螺纹、套螺纹、刮削及研磨等。这些操作大多是在虎钳上进行的。

钳工的工作还包括对机器的装配和修理。

钳工的基本任务如下。

(1)加工前的准备工作,如清理毛坯,在工件上划线,确定加工面位置并为安装定位准备等。

(2)在单件或小批量生产中,制造一般的零件,或进行钻孔、扩孔、铰孔和攻丝等加工。

(3)加工精密零件,如锉样板、研磨量具、刮削重要配合面等。

(4)装配、调试和修理。

与机械加工相比,钳工劳动强度大,生产效率低。但所用工具简单,操作灵活,可以完成其他加工难以完成或不方便完成的工作,甚至有些工作是其他工种无法取代的。

钳工常用设备有钳桌(钳工工作台)、虎钳、砂轮机、钻床等。

1. 钳桌

钳桌是用来安装台虎钳、放置工件和工具的工作台,如图 4-1 所示。钳桌一般用角铁和坚实木材制成。工作台台面高度为 800~900 mm,台前有防护罩。

2. 台虎钳

台虎钳是夹持工件的主要工具,其规格用钳口宽度来表示,常用的有 100 mm、125 mm 和 150 mm 三种规格。台虎钳有固定式和回转式两种,安装在钳工工作台的边缘,如图 4-1 和图 4-2 所示。

图 4-1　钳桌及工具布置

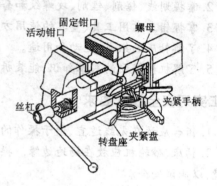

图 4-2　回转式台虎钳

使用台虎钳时应注意以下几点。

(1)工件尽量夹持在钳口中部,使钳口受力均匀。

(2)当转动手柄夹紧工件时,松紧要适当,且只能用手来扳紧手柄,不得借助其他工具加力,以免损坏台虎钳丝杠或螺母上的螺纹。

(3)夹持工件的光洁表面时,应垫铜皮或铝皮加以保护。

4.2　划线

划线是指在工件的毛坯或半成品上按照零件图样要求的尺寸划出待加工部位轮廓界线或找正线的一种操作。

4.2.1　划线的作用

划线的用途如下。

(1)为机械加工作准备。在机械加工前,可以划出工件表面的加工余量,以作为工件安装找正及切削加工的基准。

(2)检验毛坯的形状和尺寸。借助划线来检查毛坯的形状和尺寸是否合格,避免把不合格的毛坯投入机械加工而造成浪费。

(3)合理分配加工余量。当毛坯有缺陷,但误差不太大时,通过借料划线法可以以多补少,避免报废毛坯。

4.2.2 划线的种类

划线分为平面划线和立体划线。

平面划线是指在工件的一个表面上划线,如图 4-3 所示。

立体划线是指在工件的几个表面上划线,即在工件的长、宽和高三个方向上划线,如图 4-4 所示。

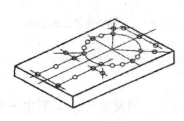

图 4-3 平面划线

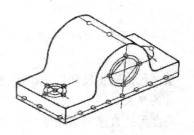

图 4-4 立体划线

4.2.3 划线工具及其用途

常用的划线工具有划线平板、方箱、千斤顶、V 形铁、划针、划规、划线盘和高度尺等。

1.划线平板

划线平板是划线的主要基准工具,一般为经过精研的铸铁平板,如图 4-5 所示。上表面是划线基准面,要求平直、光滑。各处要求均匀使用,以免局部磨损;不准敲击碰撞。长期不用时要涂油防锈,并加面罩保护。

2.方箱

方箱是用铸铁制成的空心立方体,它的相邻平面相互垂直,相对平面相互平行。方箱可用来夹持较小的工件,并根据需要转换划线的位置。如图 4-6 所示,通过在平板上翻转方箱,可以划出两条相互垂直的直线。

图 4-5 铸铁划线平板

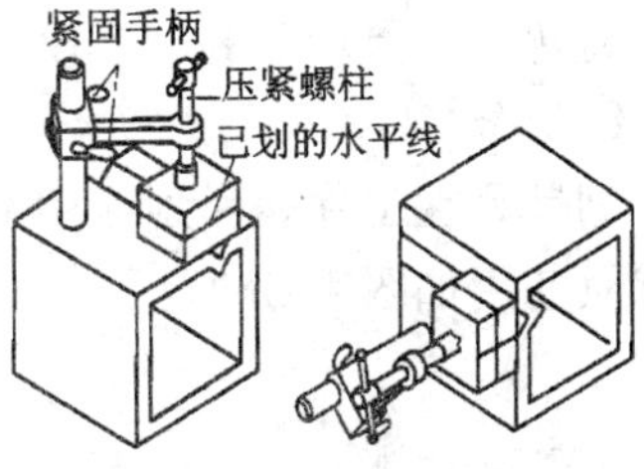

图 4-6 用方箱固定工件

紧固手柄
压紧螺柱
已划的水平线

3.千斤顶

千斤顶是在平板上支撑较大工件或不规则工件用的工具,如图 4-7 所示。调整千斤顶的高度可找正工件。

4.V 形块

V 形块是用于支撑圆形工件,使其轴线与平板平行的工具,如图 4-8 所示。

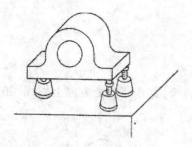

图 4-7　千斤顶支撑工件定位

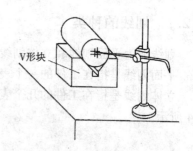

图 4-8　V 形块支撑工件定位

5. 量高尺

量高尺由钢直尺和尺座组成,配合划线盘量取高度尺寸划线,如图 4-9 所示。

6. 高度尺

高度尺能直接划出高度尺寸,其精度一般为 0.02 mm,可作为精密划线工具,有电子显示(如图 4-10 所示)和游标尺两种。

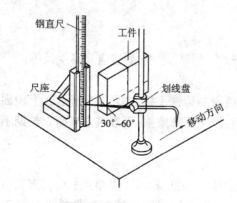

图 4-9　量高尺的使用

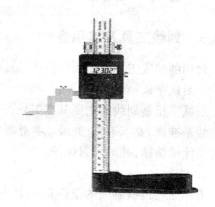

图 4-10　高度尺局部图

7. 直角尺

直角尺主要用于划相互垂直的直线,如图 4-11 所示。

8. 划针

划针是在工件表面划线用的工具,常用直径为 3 ~ 6 mm 的工具钢或弹簧钢丝制成,其形状及使用如图 4-12 所示。

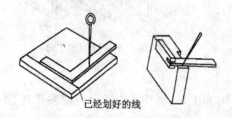

图 4-11　利用直角尺和划针划线

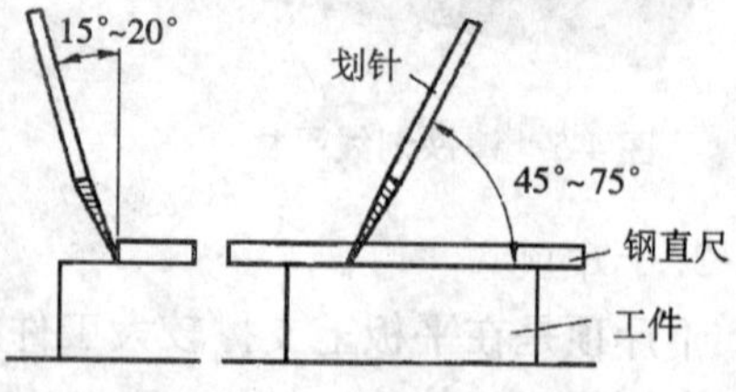

图 4-12　划针及其使用

9. 划规

划规是用来划圆或圆弧、等分线段及量取尺寸的工具,如图 4-13 所示。

10. 划线盘

划线盘主要用于立体划线和校正工件位置,如图 4-9 所示。用划线盘划线时,要注意划针装夹牢固,底座保持与划线平板贴紧。

11. 样冲

样冲是在划好线的工件上打出样冲眼的工具。样冲的使用如图 4-14 所示。

图 4-13 划规

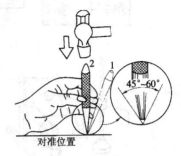

图 4-14 样冲

1—对准;2—敲击

4.2.4 划线基准

划线基准是指开始划线时,选定的用来调整每次划针或游标高度的基准面。

划线基准的选择原则如下。

(1)尽量使划线基准与图样上的设计基准一致。

(2)尽量选用精确的已加工表面和使工件处于稳定位置的表面,或者重要孔的中心线为划线基准。

4.2.5 划线实例(轴承立体划线)

在掌握了前面所学的知识后,我们给图 4-15(a)所示的轴承来划线,其操作步骤如下。

1. 分析图样,确定划线基准和支撑方法

首先根据图 4-15(a)所示轴承来确定图形的极限尺寸,以检查毛坯是否合格。然后确定轴承的划线部位,包括底面、$\phi 50$ 内孔、$2 \times \phi 13$ 螺纹孔以及前、后两平面。由于 $\phi 50$ 内孔为重要表面,要保证其加工余量均匀。因此应以 $\phi 50$ 内孔的两条相互垂直的中心线为划线基准。

由于轴承的形状不规则,所以应采用三个千斤顶支撑。

2. 准备工作

清理工件上的毛刺、铁屑等,以免影响划线的准确性和线条的清晰度。然后在划线部位涂上一层与工件表面颜色不同的涂料。最后用铅块或木块堵塞空孔,以备划线及确定孔的中心位置。

3. 支撑、找正工件

用三个千斤顶支撑工件,并依孔中心及上平面调节千斤顶,使工件水平,如图 4-15(b)所示。

4. 划水平线

划出基准线及轴承底座四周的加工线,如图 4-15(c)所示。

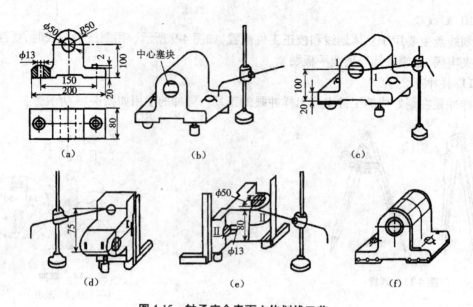

图 4-15　轴承座全表面立体划线工艺

(a)零件图;(b)准备工作;(c)支撑定位及划基准线;(d)翻转划线;

(e)另一方向翻转划线;(f)打钻孔定位样冲眼及检验

5.划其他线条并打样冲眼

将工件翻转90°,在一个方向或两个方向上用直角尺找正后划螺钉孔中心线,如图 4-15(d)所示。继续将工件翻转90°,并用直角尺在两个方向上找正后,划螺钉孔线以及两大端加工线,如图 4-15(e)所示。最后检查划线是否准确,用样冲打样冲眼,如图 4-15(f)所示。

4.3　锯削

锯削是用手锯锯断工件或在工件表面锯出沟槽的操作。手锯的构造如图 4-16 所示。

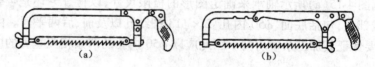

图 4-16　手锯

(a)固定式;(b)可调式

手锯由锯弓和锯条两部分组成。其中,锯弓是用来夹持和拉紧锯条的工具,有固定式和可调式两种,由于可调式锯弓的长度可以调整,能安装不同规格的锯条,而且锯柄形状便于握持和施力,故目前广泛应用;锯条由碳素工具钢制成,其规格以锯条两端安装孔之间的距离表示,常用的锯条长为 300 mm,宽为 12 mm,厚为 0.8 mm。

制造锯条时,锯齿按照一定的形状左右错开,排成波浪形,安装时保证锯齿朝前。锯齿按照齿距大小分为粗齿、中齿和细齿三种。其中,粗齿是指每 25 mm 上有 14 ~ 18 个齿数的锯齿,主要应用于锯削软钢、铝、紫铜和人造胶质材料等;中齿是指每 25 mm 上有 22 ~ 24 个齿数的锯齿,主要应用于锯削中等硬度的钢、硬质轻合金、黄铜和厚壁管子等;细齿是指每

25 mm 上有 32 个齿数的锯齿,主要应用于锯削板材和薄壁管子等。

锯削的步骤和方法如下。

1. 锯条的选用

锯削前应根据被加工材料的软硬、厚薄来选用锯条。一般来说,锯削软材料或厚材料时选用粗齿锯条;锯削硬材料或薄材料时选用细齿锯条。

锯削薄材料时锯削面上至少有三个齿应同时参加锯削,以免锯齿被钩住或崩断。

2. 工件的安装

安装工件时应尽可能将工件夹在台虎钳的左侧,以免操作时碰伤左手。工件伸出要短,以免锯削时颤动。

3. 锯削操作

起锯时应用左手拇指抵住锯条,右手稳推手柄,起锯角度应稍小于 15°,如图 4-17 所示。锯弓往复行程要短,压力要小,锯条应与工件表面垂直。当锯出锯口后,应逐渐将锯弓改至水平方向。当锯削过渡到锯弓呈水平状态时,需双手握锯。锯弓应直线往复,不可摇摆;左手施压,右手推进;前推时施压,返回时应从工件上轻轻滑过,不施压;锯削速度不宜过大,通常每分钟往复 20~60 次,一般往复长度不得小于锯条全长的 2/3,以免锯条中间部分过快锯钝;锯削钢料时,应加机油润滑,以延长锯条寿命。

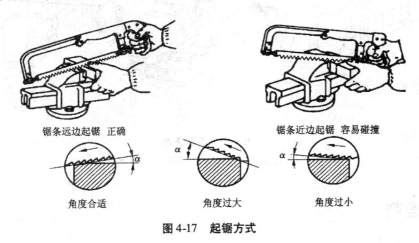

锯条远边起锯 正确　　　　　　　　　锯条近边起锯 容易碰撞

角度合适　　　　　　角度过大　　　　　　角度过小

图 4-17　起锯方式

4. 锯削方法

1)锯削圆钢

锯削圆钢,当端面质量要求较高时,应从起锯开始以一个方向锯到结束;当端面质量要求不高时,则可以从几个方向起锯,使锯削面变小,以提高工作效率,如图 4-18(a)所示。

2)锯削圆管

锯削圆管之前应将圆管夹持在两块 V 形木衬垫之间,以防夹扁或夹坏表面。锯削时,应只锯到圆管的内壁处,然后将工件向推锯方向转一定角度,继续锯削,如图 4-18(b)所示。

3)锯削薄板

锯削薄板之前应将薄板夹持在两块木板之间,或者将多片薄板叠在一起锯削,以增加工件的刚性,避免薄板在加工过程中振动和变形,如图 4-18(c)所示。

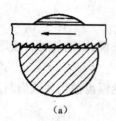 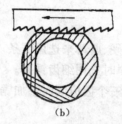 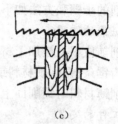

(a)　　　　　　　　　(b)　　　　　　　　　(c)

图 4-18　三种常见材料的锯削方法
(a)圆钢;(b)圆管;(c)薄板

4)深缝的锯削

当锯缝的深度超过锯弓的高度时,如图 4-19(a)所示,应将锯条转过 90°重新安装,使锯弓转到工件的侧面,如图 4-19(b)所示。也可将锯齿向内转过 180°安装,使锯齿在锯弓内进行锯削,如图 4-19(c)所示。同时,须将工件装高,使锯削部位处于钳口附近,防止工件产生弹动而影响锯削质量或损坏锯条。

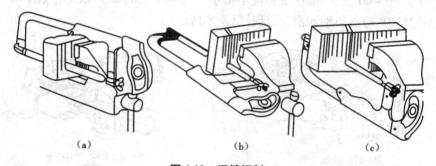

(a)　　　　　　　　　(b)　　　　　　　　　(c)

图 4-19　深缝锯削
(a)锯缝深度超过锯弓高度;(b)锯条转 90°;(c)锯条转 180°

4.5　锉削

用锉刀在零件表面锉掉多余的金属,使零件达到图样要求的尺寸、形状和表面结构的操作叫锉削。锉削加工范围包括平面、台阶面、角度面、曲面、沟槽和各种形状的孔等。

4.5.1　锉刀

锉刀是锉削的主要工具,锉刀用高碳钢(T12、T13)制成,并经热处理淬硬至 62 ～ 67 HRC。锉刀的构造及各部分名称如图 4-20 所示。

锉刀的分类如下。

锉刀按用途可分为普通锉、特种锉、整形锉(什锦锉)三类。

普通锉刀一般以截面形状、锉刀长度、锉纹粗细来分类和命名。

锉刀按锉齿的大小分为粗齿锉、中齿锉、细齿锉和油光锉等。锉刀的粗细是以每 10 mm 锉刀上锉齿的齿数来区分的。一般的,粗锉刀齿数为每 10 mm 4 ～ 12 条,适用于粗加工,还

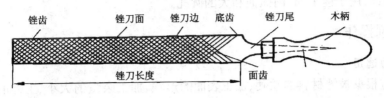

图 4-20　平锉刀结构

可以加工软金属材料;中锉刀齿数为每 10 mm 8～20 条,适用于半精加工;细锉刀齿数为每 10 mm 13～24 条,适用于精加工;油光锉齿数为每 10 mm 32～56 条,适用于降低表面结构值和修整尺寸。锉刀越细,锉出的表面结构值越小,精度越高。

　　锉刀按齿纹分为单齿纹锉刀和双齿纹锉刀。单齿纹锉刀的齿纹只有一个方向,与锉刀中心线呈 70°,一般用于锉软金属,如铜、锡、铅等。双齿纹锉刀的齿纹有两个互相交错的排列方向,先剁上去的齿纹叫底齿纹,后剁上去的齿纹叫面齿纹。底齿纹与锉刀中心线呈 45°,齿纹间距较大;面齿纹与锉刀中心线呈 65°,间距较小。由于底齿纹和面齿纹的角度不同,间距大小不同,所以,锉削时锉痕不重叠,锉出来的表面平整而且光滑。

　　锉刀按断面形状(见图 4-21)可分成以下几种。

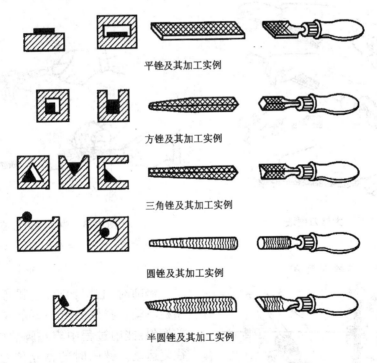

图 4-21　普通锉刀及其适用对象

　　(1)板锉(平锉):用于锉平面、外圆面和凸圆弧面。

　　(2)方锉:用于锉平面和方孔。

　　(3)三角锉:用于锉平面、方孔及 60°以上的锐角。

　　(4)圆锉:用于锉圆、孔和内弧面。

(5)半圆锉:用于锉平面、内弧面和大的圆孔。

4.5.2　锉削操作

1.锉刀的选用

锉削前应根据被锉材料的软硬、加工表面的形状、加工余量的大小、工件的表面结构的要求来选用锉刀。

2.工件的装夹

在锉削前工件必须夹持在台虎钳钳口中部,并略高于钳口。当夹持已加工面和精密工件时,应使用铜或者铝制的钳口衬。

3.锉刀的握法

锉刀的握法随锉刀的大小和工件大小、加工部位的不同而改变。当使用大锉刀(250 mm 以上)锉削工件时,应用右手紧握锉刀柄,柄部顶在掌下,大拇指放在锉刀柄的上部,其余手指握紧锉刀柄,如图 4-22 所示。当使用中锉刀(250 mm 和 200 mm)锉削工件时,因用力较小,左手的大拇指和食指握着锉刀前端,右手与握持大锉刀的方法相同,如图 4-23 所示。当使用小锉刀(200 mm 以下)锉削工件时,只需用右手握住锉刀柄即可。

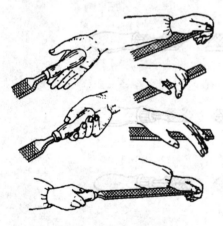

图 4-22　大锉刀握法

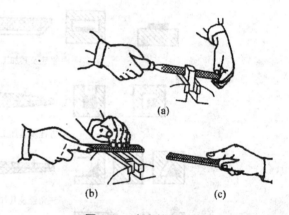

图 4-23　中小锉刀握法
(a)双手握锉法;(b)小锉刀双手握法;(c)单手握锉法

4.锉削姿势与锉削用力

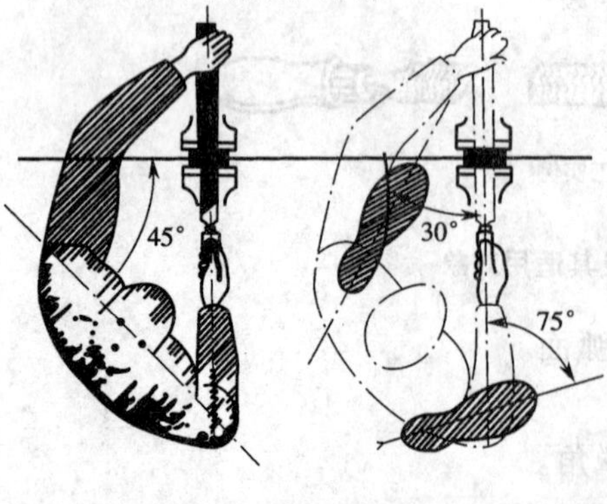

图 4-24　锉削站立位置

锉削时,右腿伸直,左腿弯曲,两脚都应站稳不动。身体的重心要落在左脚上,并向前倾斜,锉削过程中靠左脚的屈伸使身体作往复运动。锉削时的站立位置如图 4-24 所示。两手握住锉刀放在工件上面,身体与钳口方向约成 45°角,右臂弯曲,右小臂与锉刀锉削方向呈一直线,左手握住锉刀头部,左手臂呈自然状态,并在锉削过程中,随锉刀运动稍作摆动。

开始锉削时,身体稍向前倾 10°左右,重心落在左脚上,右脚伸直,右臂在后,准备将锉刀向前推进,如图 4-25(a)所示。

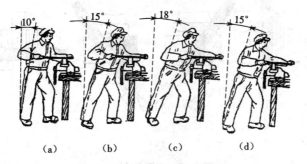

图 4-25 锉削动作分解

当将锉刀推至 1/3 行程时,身体前倾到 15°左右,如图 4-25(b)所示。锉刀再推 1/3 行程时,身体倾斜到 18°左右,如图 4-25(c)所示。当锉刀继续推进最后 1/3 行程时,身体随着反作用力退回到 15°左右,两臂则继续将锉刀向前推进到头,如图 4-25(d)所示。锉削行程结束时,锉刀稍微抬起,左脚逐渐伸直,将身体重心后移,并顺势将锉刀退回到初始位置,锉削速度控制在每分钟 40 次左右。

锉削时,用手压在锉刀上,使锉刀向前推的力应使锉刀始终保持平衡状态,即随着锉刀的推进,右手的压力要逐渐增加,而左手的压力逐渐减小,使锉刀保持水平,以便把工件锉平。锉刀返回时,不宜压紧工件,以免磨钝锉刀。

5. 检验

锉削时,工件的尺寸应用钢尺和卡尺检验。工件的平面度以及垂直度应用直角尺(如图 4-26 所示)和塞尺来检查。

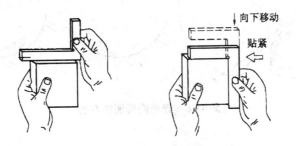

图 4-26 利用直角尺检验锉削表面平面度以及垂直度

6. 平面锉削的方法

锉削平面的方法有顺锉法、交叉锉法和推锉法,如图 4-27 所示。

顺锉法是指沿较窄表面的方向进行的锉削方法,锉刀的切削运动是单方向的,目的是使锉削的平面美观。顺锉法主要适用于较小平面的锉削。图 4-27(a)中,左图所示多用于粗锉,右图所示多用于修光。

交叉锉法是指锉刀的锉削运动与工件夹持方向成 30°～40°,且锉纹交叉的锉削方法。交叉锉主要适用于较大平面的锉削。由于锉刀和工件的接触面较大,锉刀比较平稳,因此交叉锉易锉出较平整的平面。

推锉法是指锉刀的锉削运动与工件加工表面的长度方向垂直的锉削方法。锉削时,应

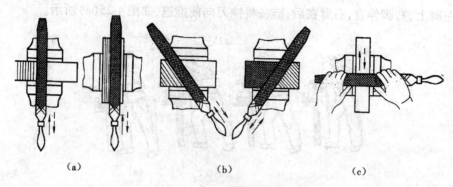

图 4-27 平面锉削方法

(a)顺锉;(b)交叉锉;(c)推锉

用两手紧握锉刀,拇指抵住锉刀侧面,沿工件表面平稳地推进锉刀,以锉出光洁的表面。推锉法主要适用于工件表面的修光。

对于一般平面,粗锉时用交叉锉法,不仅锉得快,而且可以利用锉痕判别加工部分是否达到尺寸要求;基本锉平后,用顺锉法进行锉削进一步提高平面精度,降低表面结构值,并获得平直的锉纹;最后用细锉刀或油光锉以推锉法修光。

7.锉圆弧面的方法

锉削圆弧面的方法是滚法,如图 4-28 所示。当锉削外圆弧面时,锉刀既向前推进,又绕圆弧面中心摆动。当锉削内圆弧面时,锉刀不仅向前推进,而且自身还要作旋转运动。

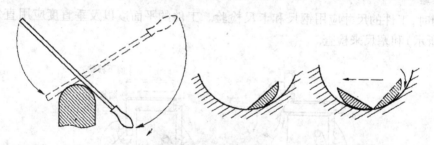

图 4-28 锉削圆弧面的方法

8.通孔的锉削

锉削通孔时,根据通孔的形状、工件的材料、加工余量、加工精度和表面结构来选择所需的锉刀。通孔的锉削方法如图 4-29 所示。

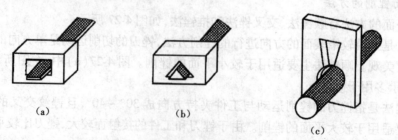

图 4-29 通孔的锉削

(a)四方通孔锉削;(b)三角通孔锉削;(c)圆形通孔锉削

4.6 孔的加工

钳工上加工孔的方法主要有钻孔、扩孔和铰孔。它们分别属于粗加工、半精加工和精加工(俗称钻—扩—铰)。钻—扩—铰可在车床、镗床和铣床上进行,也可以在钻床上进行。

4.6.1 钻孔

钻孔是用钻头在实体材料上加工孔的方法。钻孔时,工件固定不动,钻头旋转并作轴向移动。钻孔的主运动是钻头的旋转运动,进给运动是钻头的轴向移动。钻孔所能达到的公差等级为 IT12 左右,表面结构值 Ra 为 12.5 μm。

钳工钻孔有两种方法,一种是在钻床上钻孔,一种是手电钻(见图 4-30)钻孔。前一种多用于零件加工,后一种多用于修配修理。

1. 台式钻床

台式钻床简称台钻,如图 4-31 所示,它结构简单,使用方便。其主轴转速可通过改变传动带在塔轮上的位置来调节,主轴的轴向进给运动靠扳动进给手柄来实现。台钻主要用于加工孔径在 12 mm 以下的工件。

图 4-30　手电钻

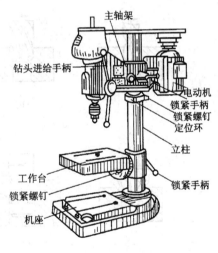

图 4-31　台式钻床

2. 立式钻床

立式钻床简称立钻,如图 4-32 所示,其功率大,刚性好。主轴的转速可以通过扳动主轴变速手柄来调节,主轴的进给运动可以实现自动进给,也可以利用进给手柄实现手动进给。立钻主要用于加工孔径在 50 mm 以下的工件。

3. 摇臂钻床

摇臂钻床结构比较复杂,操纵灵活,它的主轴箱装在可以绕垂直立柱回转的摇臂上,并且可以沿摇臂的水平导轨移动,摇臂还可以沿立柱作上下移动,如图 4-33 所示。摇臂钻床的变速和进给方式与立钻相似,由于摇臂可以方便地对准孔中心,所以摇臂钻主要用于大型工件的孔加工,特别适于多孔件的加工。

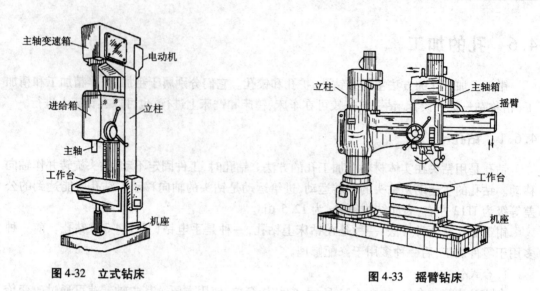

图 4-32　立式钻床　　　　　图 4-33　摇臂钻床

除钻孔外,钻床还可以完成其他多种工作,如扩孔、铰孔、攻螺纹、锪孔、锪凸台等,见图 4-34。

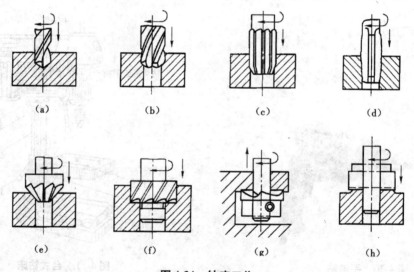

图 4-34　钻床工作

(a)钻孔;(b)扩孔;(c)铰孔;(d)攻螺纹;(e)锪锥孔;(f)锪柱孔;(g)反锪沉坑;(h)锪凸台

4.钻孔的步骤及其注意事项

1)准备工作

钻孔前应先划线、打样冲眼,孔中心的样冲眼要大些,以便找正中心后使钻头横刃落入样冲眼的锥坑中。

2)工件装夹

在立钻和台钻上钻孔时,工件常用手虎钳、平口钳、V 形铁和压板螺栓进行装夹,如图 4-35所示。装夹工件时,应使孔中心线与钻床工件台面垂直,装夹要紧、均匀、稳固。

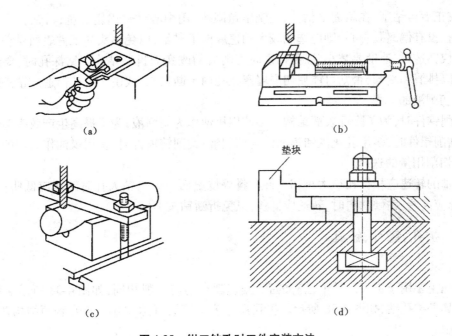

图 4-35 钳工钻孔时工件安装方法

(a)手虎钳夹持工件;(b)平口钳夹持工件;(c)V 形铁夹持工件;(d)压板螺栓夹持工件

3)钻头的选择、安装与拆卸

直径小于 30 mm 的孔可以直接钻出;直径大于 30 mm 的孔应分两次钻出,其方法是首先选择直径为 0.5~0.7 mm 的钻头钻出小孔,以减小轴向力,然后再用所需直径的钻头扩大孔径。

钻头的安装拆卸方法见图 4-36,按其柄部形状的不同而异,锥柄钻头可以直接装入钻床主轴锥孔内,较小的钻头可用过渡套筒安装,如图 4-36 所示。直柄钻头用钻夹头安装,如图 4-37 所示。钻夹头(或过渡套筒)的拆卸方法是将楔铁插入钻床主轴侧边的扁孔内,左手握住钻夹头,右手用锤子敲击楔铁卸下钻夹头,钻夹头(见图 4-37)直接用固紧扳手插入钻夹头小口内,转动扳手带动自动定心夹爪夹紧或松开钻头。

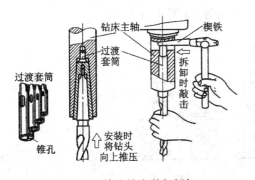

图 4-36 钻头的安装与拆卸

图 4-37 钻夹头

4)钻孔方法

按划线钻孔时,先打好样冲眼,便于打正引钻,钻削时先钻一浅坑,检查是否对中,如有偏斜,校正后再钻削;在斜面上钻孔,先铣出鱼眼坑,用中心钻钻出定心坑,再钻孔。如果试钻的浅孔没有偏离孔中心,则应选用较大的速度向下进给,以免钻头在工件表面晃动而不能切入。快钻透时,速度要减小,以免钻透时切削力的改变而折断钻头。钻深孔时,要经常退出钻头以排屑和冷却,否则可能使切屑堵塞在孔内卡断钻头,或由于过热而造成钻头磨损。

5)切削液的选择

钻削钢件时,为了降低表面结构值多使用机油作为切削液,为了提高生产效率多使用乳化液;钻削铝件时,多用乳化液和煤油作为切削液;钻削铸铁件时,多用煤油作为切削液。

6)切削用量的选择

主轴的转速应根据孔径大小和工件材料等情况而定。当钻大孔时转速应低些;钻小孔时,转速应高些;钻硬材料时,转速应低些,以免折断钻头。

4.6.2　扩孔、锪孔、铰孔

1. 扩孔

扩孔主要用于扩大工件上已有的孔,其切削运动与钻削相同,如图 4-38 所示。扩孔所用的刀具是扩孔钻,如图 4-38 所示。扩孔尺寸公差等级可达 IT10 ~ IT9,表面结构值 Ra 可达 3.2 μm。

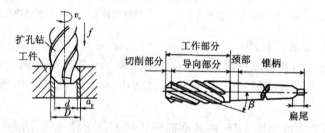

图 4-38　扩孔及扩孔钻

扩孔可作为终加工,也可作为铰孔前的预加工。

2. 锪孔

在孔口表面用锪孔钻加工出一定形状的孔或凸台的平面,称为锪孔。例如,锪圆柱形埋头孔、锪圆锥形埋头孔、锪用于安放垫圈用的凸台平面等,如图 4-39 所示。

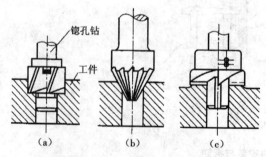

图 4-39　各种不同锪孔工艺

(a)锪沉孔;(b)锪锥孔;(c)锪凸台

3. 铰孔

铰孔是孔的精加工。铰孔可分粗铰和精铰。精铰加工余量较小,只有 0.05~0.15 mm,尺寸公差等级可达 IT8~IT7,表面结构值 Ra 可达 0.8 μm。铰孔前工件应经过钻孔—扩孔(或镗孔)等加工。铰孔时,要根据工作性质、零件材料,选用适当的切削液,以降低切削温度,提高加工质量。

铰刀是孔的精加工刀具。铰刀分为机用铰刀和手用铰刀两种,机用铰刀为锥柄,手用铰刀为直柄,如图 4-40 所示。铰刀一般是两支一套,其中一支为粗铰刀(它的刃上开有螺旋形分布的分屑槽),一支为精铰刀。

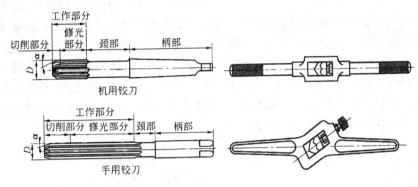

图 4-40 铰刀和铰杠

4. 手铰孔方法

将铰刀插入孔内,两手握铰杠手柄,顺时针转动并稍加压力,使铰刀慢慢向孔内进给,注意两手用力要平衡,使铰刀铰削时始终保持与零件垂直,且自始至终铰刀不能倒转,保证铰刀校准部分不能全部伸出,以免孔的出口被拉伤。铰刀退出时,也应边顺时针转动边向外拔出。

4.7 攻螺纹(攻丝)与套螺纹(套扣)

4.7.1 螺纹加工工具

工件外圆柱表面上的螺纹称为外螺纹,工件内圆孔壁上的螺纹称为内螺纹。在钳工操作中,用丝锥加工工件内螺纹,称为攻螺纹,又称攻丝;用板牙加工工件外螺纹,称为套螺纹,又称套扣。攻螺纹和套螺纹一般用于加工普通螺纹。攻螺纹和套螺纹所用工具简单,操作方便,但生产效率低,精度不高,主要用于单件或小批量的小直径螺纹加工。

1. 攻螺纹工具

攻螺纹的主要工具是丝锥和铰杠(扳手)。丝锥是加工小直径内螺纹的成形刀具,一般用高速钢或合金工具钢制造,丝锥由工作部分和柄部组成,如图 4-41 所示。

工作部分包括切削部分和校准部分。切削部分制成锥形,使切削负荷分配在几个刀齿上,切削部分的作用是切去孔内螺纹牙间的金属;校准部分的作用是修光螺纹并引导丝锥的轴向移动。丝锥上有 3~4 条容屑槽,以便容屑和排屑;柄部方头用来与铰杠配合传递扭

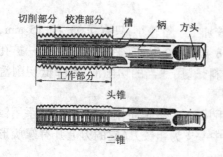

图 4-41 丝锥

矩。

丝锥分为手用丝锥和机用丝锥,手用丝锥用于手工攻螺纹,机用丝锥用于在机床上攻螺纹。通常丝锥由两支组成一套,使用时先用头锥,然后再用二锥,头锥完成全部切削量的大部分,剩余小部分切削量由二锥完成。

铰杠是用于夹持丝锥和铰刀的工具,见图 4-40。

2. 套螺纹工具

套螺纹用的主要工具是板牙和板牙架。板牙(见图 4-42)是加工小直径外螺纹的成形刀具,一般用合金钢制造。板牙的形状和圆形螺母相似,它在靠近螺纹外径处钻了 3 ~ 4 个排屑孔,并形成了切削刃。中间部分是校准部分,校准部分的作用是修光螺纹和导向,板牙的外圆柱面上有四个锥坑和一个 V 形槽。其中两个锥坑的作用是通过板牙架上两个紧固螺钉将板牙紧固在板牙架内,以便传递扭矩。另外两个锥坑的作用是当板牙磨损后,将板牙沿 V 形槽锯开,拧紧板牙架上的调节螺钉,螺钉顶在这两个锥坑上,使板牙微量缩小以补偿板牙磨损。

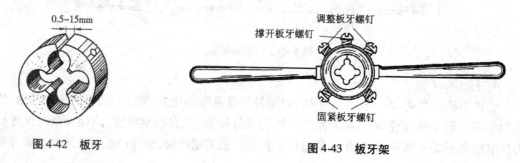

图 4-42 板牙   图 4-43 板牙架

板牙架(见图 4-43)是夹持板牙传递扭矩的工具,板牙架与板牙配套使用,为了减少板牙架的规格,一定直径范围内的板牙的外径是相等的,当板牙外径与板牙架不配套时,可以加过渡套或使用大一号的板牙架。

4.7.2 操作工艺

1. 攻螺纹前螺纹底孔直径和深度的确定

攻螺纹时主要是切削金属形成螺纹牙形,但也有挤压作用,塑料材料的挤压作用更明显。所以,攻螺纹前螺纹底孔直径要大于螺纹的小径、小于螺纹的大径,具体确定方法可以用查表法(见有关手册)确定,也可以用下列经验公式计算:

$$D_0 = D - P \quad (适用于韧性材料)$$

$$D_0 = D - 1.1P \quad (适用于脆性材料)$$

式中:D_0——底孔直径,mm;

D——螺纹大径,mm;

P——螺距,mm。

攻不通孔螺纹时,由于丝锥不能攻到底,所以底孔深度要大于螺纹部分的长度。其钻孔

深度 L 由下式确定：

$$L = L_0 + 0.7D$$

式中：L_0——所需的螺纹深度，mm；

　　　D——螺纹大径，mm。

2. 套螺纹(套扣)前工件直径的确定

套螺纹主要是切削金属形成螺纹牙形，但也有挤压作用，所以套螺纹前如果工件直径过大则难以套入，如果工件直径过小则套出的螺纹不完整。工件直径应小于螺纹大径、大于螺纹小径，具体确定方法可以用查表法确定(见有关手册)，也可以用下列公式计算：

$$D_0 = D - 0.2P$$

式中：D_0——底孔直径，mm；

　　　D——螺纹大径，mm；

　　　P——螺距，mm。

3. 攻螺纹

攻螺纹时用铰杠夹持住丝锥的方头，将丝锥放到已钻好的底孔处，保持丝锥中心与孔中心重合。开始时右手握铰杠中间，并用食指和中指夹住丝锥，适当施加压力并顺时针转动，使丝锥攻入工件 1～2 圈，用目测或直角尺检查丝锥与工件端面的垂直度，垂直后用双手握铰杠两端平稳地顺时针转动铰杠，每转 1～2 圈要反转 1/4 圈(见图 4-44)，以利于断屑排屑。攻螺纹时双手用力要平衡，如果感到扭矩很大则不可强行扭动，应将丝锥反转退出。在钢件上攻螺纹时要加机油润滑。

4. 套螺纹

套螺纹时用板牙架夹持住板牙，使板牙端面与圆杆轴线垂直。开始时右手握板牙架中间，稍加压力并顺时针转动，使板牙套入工件 1～2 圈(见图 4-45)，检查板牙端面与工件轴心线的垂直度(目测)，垂直后用双手握板牙架两端平稳地顺时针转动，每转 1～2 圈要反转 1/4 圈，以利于断屑排屑。在钢件上套螺纹也要加机油润滑，以提高质量和延长板牙寿命。

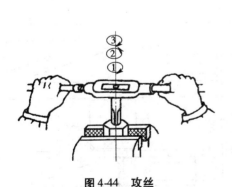

图 4-44　攻丝　　　　　　　　　　图 4-45　套扣

4.8　钳工考核件综合练习实例

学习了钳工各种操作后，请大家试着加工图 4-46 所示的考核件。材料：45 钢。技术要求:圆弧平面间交线清晰,各圆弧连接光滑,各表面结构值 *Ra*3.2。

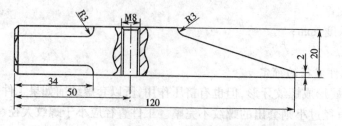

图 4-46 榔头头

工序内容及所用工具设备见表 4-1。

表 4-1 榔头头钳工生产工艺

序号	名 称	内 容	设 备	简 图
1	下料	锯削 20 mm × 20 mm 的方料,长度为 123 mm	钢直尺和手锯	
2	去毛刺	两端去毛刺,平面锉平,周围面去除氧化层	锉刀	
3	划线	在划线平板上用 V 形铁支撑,利用高度游标卡尺和划针等工具在榔头上划出所需的线	钢直尺、高度游标尺等划线工具	
4	打样冲眼	在已划好的线条上,每隔 10 mm 冲出样冲眼	样冲、手锤	
5	锯削	锯削超出尺寸范围的部分,锯削时应保证两断面与其余四面垂直	钳工工作台、手锯	
6	锉平面	锉削六面体:以上端面为基准,将方料锉削至 20 mm × 20 mm,接着继续以上断面为基准,锉至 120 mm	锉刀、钢直尺、90°角尺、游标卡尺	
7	斜面加工	锉削 *R*3 mm,留余量,接着锯削斜面,最后精锉斜面,直到圆角和斜面表面成圆滑过渡为止	手锯、锉刀	
8	锉倒角,锉圆弧	用平锉刀推锉加工倒角,用圆锉锉 *R*3 mm 圆弧面	平锉刀、圆锉刀	
9	钻孔	用台钻钻削中间 M8 的底孔,并加工 1×45°锥坑	台钻、钻头、圆锉、平锉	
10	攻螺纹	攻 M8 内螺纹	丝锥、铰杠	
11	抛光	用粗、细砂纸抛光各面,消除锉痕	粗、细砂纸	
12	检验			

第5章 切削加工基础

实习目的及要求

1. 了解切削加工的基础知识。
2. 了解零件加工精度、加工质量的概念。
3. 了解常用刀具材料及其应用。
4. 掌握常用量具的使用。
5. 了解切削过程中的基础知识。
6. 了解加工工艺过程基础知识。
7. 了解机床传动机构。
8. 了解数控加工基础知识。

5.1 切削加工概述

切削加工是利用刀具将坯料或工件上多余的材料切除,以获得所要求的几何形状、尺寸精度和表面质量的加工方法。切削加工分为如下两类。

(1)钳工。钳工一般是指由工人手持工具进行的切削加工。

(2)机械加工。机械加工是指由工人操纵机床进行的切削加工。一般所讲的切削加工主要指机械加工,它具有精度高、生产率高和工人劳动强度低等优点。

与铸造、锻压相比,切削加工后的工件具有更高的精度和更小的表面结构值,且通常不受零件的尺寸、质量和材料性能等限制。除了一些精密铸造、注塑成形、精密锻造和粉末冶金等成形零件的方法外,绝大多数零件都需从毛坯经切削加工成形获得。因此,切削加工在工业、农业、国防、科技等各部门中占有十分重要的地位。

5.2 切削运动与切削用量

5.2.1 切削运动

切削加工是靠切削刀具和工件间的相对运动来实现的。刀具与工件间的相对运动称为切削运动。切削运动包括主运动(图5-1中 I 所示)和进给运动(图5-1中 II 所示)。

1. 主运动

主运动是切下切屑所需的最基本的运动。在切削运动中,主运动的速度最高、消耗的功率最大,如车削时工件的旋转运动,牛头刨床刨削时刨刀的直线运动等。

在切削加工中主运动一定存在,但只能有一个。

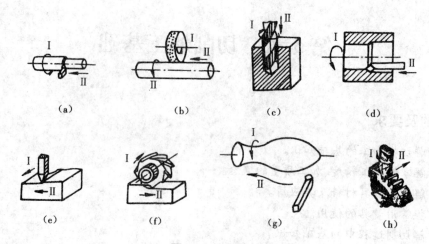

图 5-1 切削运动

(a)车外圆面;(b)磨外圆面;(c)钻孔;(d)车床上镗孔;
(e)刨平面;(f)铣平面;(g)车成形面;(h)铣成形面

2.进给运动

进给运动是多余的材料不断被投入切削,从而加工出完整表面所需的运动。进给运动可以有一个或几个,如车削时车刀的纵向或横向运动,磨削外圆时工件的旋转运动和工作台带动工件的纵向移动。

切削运动有旋转运动或直线运动,也有曲线运动;有连续的,也有间断的。切削运动可以由切削刀具和工件分别动作完成,也可以由切削刀具和工件同时动作完成或交替动作完成。各种机械加工方法的切削运动如图 5-1 所示(图中 I 代表主运动,II 代表进给运动)。

5.2.2 切削用量三要素

切削加工时,在工件上出现三个不断变化的表面,每种加工中三种表面的形状大小都不同,但不失一般性,以下用三种比较简单的切削加工来说明,如图 5-2 所示。

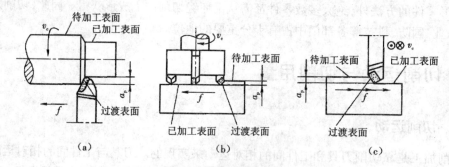

图 5-2 切削用量三要素

(a)车削外圆用量三要素;(b)端铣用量三要素;(c)刨削用量三要素

(1)待加工表面。工件上有待切除之表面,在切削过程中它的面积不断减小,直至全部切去。

(2)已加工表面。工件上经刀具切削后产生的表面,在切削过程中它的面积逐渐扩大。

(3)过渡表面。工件上由切削刃形成的那部分表面,它在下一切削行程及刀具或工件下一转里被切除,或者由下一切削刃切除。

切削用量三要素指的是切削速度、进给量和切削深度(又称背吃刀量)。

1. 切削速度 v_c

切削速度是指切削刃选定点相对于工件沿主运动方向单位时间内移动的距离,即主运动的线速度,单位为 m/s。

当主运动为工件的旋转运动时,切削速度为其最大线速度,即

$$v_c = \frac{\pi D n}{1\ 000 \times 60} \quad (\text{m/s})$$

式中:D——工件待加工表面的直径,mm;

n——工件的转速,r/min。

当主运动为往复运动时取其平均速度,即

$$v_c = \frac{2Ln}{1\ 000 \times 60} \quad (\text{m/s})$$

式中:L——往复运动的行程长度,mm;

n——主运动每分钟的往复次数,次/min。

2. 进给量 f

进给量是指刀具在进给运动方向上相对工件的位移量。不同加工方法,由于所用刀具和切削运动形式不同,进给量可用刀具或工件每转或每行程的位移量来表述和度量,单位为 mm/r(每转进给量,如车削时)、mm/次(每往复运动一次进给量,如刨削时)或 mm/齿(每齿进给量,如铣削时)。

3. 切削深度(也称背吃刀量)a_p

切削深度是指通过切削刃选定点并垂直于进给运动方向上测量的主切削刃切入工件的深度尺寸。车外圆时,可用工件上待加工表面和已加工表面之间的垂直距离来计算,单位为mm。

切削用量三要素是影响切削加工质量、刀具磨损、机床动力消耗及生产率的重要参数。

5.3 零件的加工质量

零件加工质量的主要指标是加工精度和表面结构。

5.3.1 加工精度

零件的尺寸要加工得绝对准确是不可能的,也是不必要的。因此,在保证零件使用要求的前提下,总是要给予一定的加工误差范围,这个规定的误差范围就叫公差。同一基本尺寸的零件,公差值的大小就决定了零件尺寸的精确程度。加工精度是指零件在加工之后,其尺寸、形状、位置等参数的实际数值与它的理论数值相符合的程度。相符合的程度越高,即偏差越小,加工精度越高。加工精度包括尺寸精度、形状精度和位置精度。

1. 尺寸精度

它是指零件实际尺寸相对于理想尺寸的精确程度。尺寸精度的高低,用尺寸公差等级

或相应的公差值来表示。尺寸公差是指切削加工中零件尺寸允许的变动量。在基本尺寸相同的情况下,尺寸公差数值越小,则零件尺寸精度越高。国家标准(GB/T 1800—1998、GB/T 1804—1992)规定尺寸公差分为20级,IT01～IT18 精度依次降低,公差数值越来越大。IT01～IT12 用于配合尺寸,IT13～IT18 用于非配合尺寸。

2. 形状精度

它是指零件实际表面和理想表面之间在形状上允许的误差。如图 5-3 所示,理想表面为圆柱的零件外表面,实际加工后的形状可能有椭圆形或横截面非圆形等各种形状。显然,不同形状精度的零件,在精密机器上的使用效果是不同的。国家标准(GB/T 1182—1996、GB/T 1184—1996)规定的形状公差包括直线度、平面度、圆度、圆柱度、线轮廓度和面轮廓度 6 项,见表5-1。

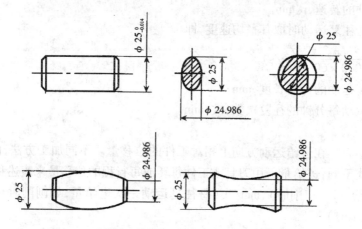

图5-3　形状精度示意图(理想表面和实际表面差别)

3. 位置精度

它是指零件表面、轴线或对称平面之间的实际位置与理想位置允许的误差。例如:箱体端面和轴孔之间因为加工误差,可能微观上有些不垂直,当这种程度较大时,就会影响机械的使用功能以及使用寿命,国家标准(GB/T 1182—1996、GB/T 1184—1996)规定了 8 项位置公差,包括平行度、垂直度、倾斜度、位置度、同轴度、对称度、圆跳动和全跳动,参见表5-1。

形状公差和位置公差统称为形位公差。公差值越小,精度越高。

5.3.2　表面结构

在切削过程中,由于振动、刀痕及刀具与工件之间的摩擦,在工件的已加工表面上总是存在着一些微小的峰谷。即使看起来很光滑的表面,经过放大以后,也会发现它们是高低不平的。我们把零件表面这些微小峰谷的高低程度称为表面结构。

表面结构的评定参数最常用的是轮廓算术平均偏差 Ra,其单位为 μm。

常用加工方法所能达到的表面结构值 Ra 列于表 5-2。

表 5-1　形位公差符号

公　差		特　征	符　号	有无基准要求	公　差		特　征	符　号	有无基准要求
形状	形状	直线度	—	无	位置	定向	平行度	//	有
		平面度	▱	无			垂直度	⊥	有
		圆度	○	无			倾斜度	∠	有
		圆柱度	⌭	无		定位	位置度	⊕	有或无
形状或位置	轮廓	线轮廓度	⌒	有或无			同轴（同心）度	◎	有
							对称度	=	有
		面轮廓度	⌓	有或无		跳动	圆跳动	↗	有
							全跳动	⌰	有

表 5-2　各种加工方法所能达到的尺寸精度及表面结构

表面要求	加工方法	尺寸精度	表面粗糙度 $Ra/\mu m$	表面特征	应用举例
不加工		IT16 ~ IT14		消除毛刺	锻、铸件
粗加工	粗车、粗铣、钻、粗镗、粗刨	IT13 ~ IT10	80 ~ 40	显见刀纹	底板、垫块
		IT10	40 ~ 20	可见刀纹	螺钉不接合面
		IT10 ~ IT8	20 ~ 10	微见刀纹	螺母不接合面
半精加工	半精车、精车、精铣、精刨、粗磨	IT10 ~ IT8	10 ~ 5	可见刀痕	轴套不接合面
		IT8 ~ IT7	5 ~ 2.5	微见刀痕	
		IT8 ~ IT7	2.5 ~ 1.25	不见刀痕	一般轴套接合面
精加工	高速精铣、精车、宽刀精刨、磨、铰、刮削	IT8 ~ IT7	1.25 ~ 0.32	可辨加工痕迹	要求较高接合面
		IT8 ~ IT6	0.63 ~ 0.32	微辨加工痕迹	凸轮轴颈内孔
		IT7 ~ IT6	0.32 ~ 0.16	不辨痕迹	高速轴轴颈
精整及光整加工	精细磨、研磨、珩磨等	IT7 ~ IT5	0.16 ~ 0.03	暗光泽面	阀配合面
		IT6 ~ IT5	0.08 ~ 0.04	亮光泽面	滚珠轴承
		IT6 ~ IT5	0.04 ~ 0.02	镜状光泽面	量规
			0.02 ~ 0.01	雾状光泽面	量规
			≤0.01	镜面	量规

5.4　刀具材料

在金属切削过程中，刀具直接参与切削，工作条件极为恶劣。为使刀具具有良好的切削能力,必须选用合适的材料、合理的角度及适当的结构。刀具材料是刀具切削能力的重要基础,它对加工质量、生产率和加工成本影响极大。

刀具是由刀头和刀体组成的。刀头用来切削,故称切削部分。刀具切削性能的优劣主要取决于刀头的材料和几何形状。

5.4.1　刀具材料必须具备的性能

在切削过程中,刀具要承受很大的切削力(压力、摩擦力)和高温下的切削热,并且与切屑和工件都产生剧烈的摩擦,同时还要承受冲击和振动,因此刀具切削部分的材料应具备以下性能。

(1)高的硬度。硬度越高,刀具越耐磨。经常使用的刀具硬度都在 HRC60 以上。

(2)高的热硬性。热硬性是指刀具材料在高温下仍能保持切削所需硬度的性能。热硬性越高,刀具允许的切削速度越高。

(3)高的耐磨性。

(4)足够的强度和韧性。

(5)良好的工艺性和经济性。为便于制造出各种形状的刀具,刀具材料还应具备良好的工艺性,如热塑性(锻压成形)、切削加工性、磨削加工性、焊接性及热处理工艺性等,并且要追求高的性能价格比。

5.4.2　刀具材料简介

当前最常使用的刀具材料有:碳素工具钢、合金工具钢、高速钢(以上三种材料工艺性能良好)、硬质合金等。常用刀具材料的主要性能和应用范围见表5-3。

表5-3　常用刀具性能与用途

种　类	材料牌号	硬度(HRC)	耐热性/℃	工艺性能	用　途
碳素工具钢	T8A、T10A、T12A	58～62	200	可冷热加工成形,刃磨性能好	用于手动工具,如锉刀、锯条等
合金工具钢	9SiCr、CrWMn	60～65	250～300	可冷热加工成形,刃磨性能好,热处理变形小	用于低速成形刀具,如丝锥、板牙、铰刀等
高速钢	W18Cr4V	63～70	550～600	可冷热加工成形,刃磨性能好,热处理变形小	用于中速及形状复杂的刀具,如钻头、铣刀、齿轮刀具等
硬质合金	YG8、YT15	89～93	800～1000	可粉末冶金成形,较脆	用于高速切削刀具,如车刀、刨刀、铣刀等

5.5　量具

加工出的零件是否符合图纸要求(包括尺寸精度、形状精度、位置精度和表面结构),就要用测量工具进行测量。这些测量工具简称量具。由于零件有各种不同形状,它们的精度也不一样,因此要用不同的量具测量。量具的种类很多,本节仅介绍几种常用量具。

5.5.1　钢板尺

钢板尺是最简单的长度量具,可直接用来测量工件的尺寸。它按照长度分为 150 mm、300 mm、500 mm、1 000 mm 等几种。

5.5.2　百分表

百分表是一种高精度的长度测量工具,广泛用于测量工件几何形状误差及相对位置误差。百分表具有防震机构,使用寿命长,精度可靠。

百分表只能测出相对读数,是一种指示式量具,用于检测工件的形状和表面相互位置的误差,也可在机床上用于工件的安装找正。百分表的测量精度为 0.01 mm,是精度较高的量具之一,其外形如图 5-4(a)所示。

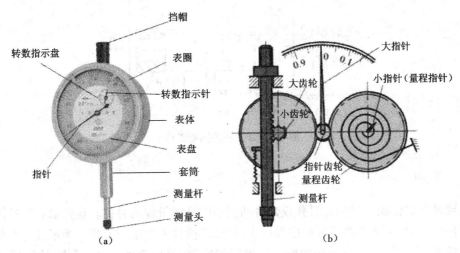

图 5-4　百分表结构与原理

(a)结构;(b)原理

百分表的读数原理如图 5-4(b)所示。当测量杆向上或向下移动 1 mm 时,通过齿轮传动系统带动大指针转一圈,同时小指针转一格。大指针每转一格,表示测量杆移动 0.01 mm;小指针每转一格,表示测量杆移动 1 mm;长短指针变化值之和,即总尺寸的变动量。刻度盘可以转动,供测量时大指针对零用。

百分表使用时常装在磁性表座或普通表座上,如图 5-5 所示。测量时要注意百分表测量杆应与被测表面垂直。测量的应用举例如图 5-6 所示,其中:(a)是检查外圆对孔的圆跳动、端面对孔的圆跳动;(b)是检查工件两平面的平行度;(c)是内圆磨床上四爪卡盘安装工件时找正外圆。

注意:①读数时眼睛要垂直于表针,防止偏视造成读数误差;②小指针指示整数部分,大指针指示小数部分,两者相加即为测量结果。

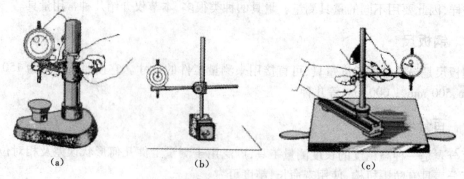

图 5-5　百分表座
(a)万能表座;(b)磁性表座(表座有磁性开关);(c)普通表座

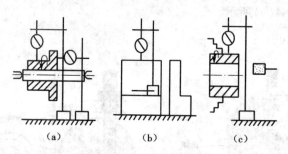

图 5-6　百分表的测量工作

5.5.3　量规

量规是指被检验工件为光滑孔或光滑轴所用的极限量规的总称。在要求有互换性的大批量工件生产时,不要求测量零件准确尺寸,只要求检验零件是否合格。为了提高产品质量和检验效率,常常采用量规进行检验。量规结构简单,使用方便,省时可靠,并能保证互换性。因此,量规在机械制造中得到了广泛的应用。

检验孔用的量规称为塞规。一般的量规通常成对使用,包括一个通规(也叫过规)和一个止规(也叫不过规)。通规(过规)按被检验孔的最小极限尺寸制造,塞规的止规按被检验孔的最大极限尺寸制造。通规通过被检验孔,而止规不能通过时,说明被检验孔的尺寸误差和形状误差都控制在极限尺寸范围内,被检孔是合格的,如图 5-7(a)所示。检验轴用的量规称为卡规,也叫环规。卡规的止规按被检验轴的最小极限尺寸制造,通规按被检验轴最大极限尺寸制造。通规能包围被检验轴,而止规不能包围被检验轴时,说明被检验轴的尺寸误差和形状误差都控制在极限尺寸范围内,被检轴是合格的,见图 5-7(b)。

5.5.4　内径百分表

内径百分表是用于测量孔径及其形状精度的一种精密的比较量具。内径百分表的结构如图 5-8 所示。它附有成套的可换插头,其读数准确度为 0.01 mm,测量范围有 6~10 mm、10~18 mm、18~35 mm、35~50 mm 等多种。

内径百分表是测量尺寸公差等级 IT7 以上精度孔的常用量具,其使用方法如图 5-9 所

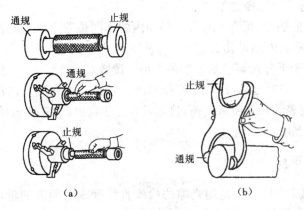

图 5-7　量规

（a）检验孔的塞规（通规及止规各一）；

（b）检验轴的卡规（通规及止规各一）

示。测量步骤如下。

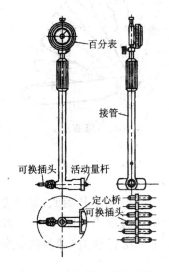

图 5-8　内径百分表结构

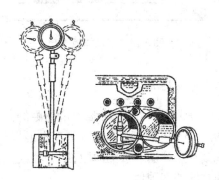

图 5-9　内径百分表测内孔

（1）选择校对环规或外径千分尺。用棉丝或软布把环规、固定测头擦净。

（2）用手压几下活动测头，百分表指针移动应平稳、灵活、无卡滞现象。然后对零，一手压活动测头，一手握住手柄。

（3）将测头放入环规内，使固定测头不动。在轴向平面左右摆动内径表架，找出最小读数即"拐点"。

（4）转动百分表刻度盘，使零线与指针的"拐点"处相重合，对好零位后，把内径百分表取出。

（5）对好零位后的百分表，不要松动夹紧手柄，以防零位发生变化。

（6）测量时一手握住上端手柄，另一手握住下端活动测头，倾斜一个角度，把测头放入被测孔内，然后握住上端手柄，左右摆动表架，找出表的最小读数值，即"拐点"值；该点的读数值就是被测孔径与环规孔径之差。

（7）为了测出孔的圆度，可在同一径向截面内的不同位置上测量几次；为了测出孔的圆柱度，可在几个径向平面内测量几次。

（8）测量数值等于千分尺调整的基准数据加上读数。

注意：①使用百分表时远离液体，不使冷却液、切削液、水或油与内径表接触；②不使用时，要摘下百分表，使表解除其所有负荷，让测量杆处于自由状态；③内径百分表应成套保存于盒内，避免丢失与混用。

5.5.5　刀形样板平尺

刀形样板平尺简称刀口尺，是用光隙法检验直线度或平面度的量尺，如图 5-10 所示。若被测面不平，则刀口尺与被测面之间有间隙，间隙大的可用厚薄尺（如图 5-11 所示）测量其大小。

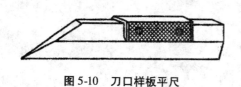

图 5-10　刀口样板平尺　　　　　　　　　　图 5-11　厚薄尺

5.5.6　厚薄尺

厚薄尺又称塞尺，是测量间隙的薄片量尺，如图 5-11 所示。它由一组薄片组成，其厚度为 0.03～0.3 mm，厚度值刻在靠近根部的地方。测量时用厚薄尺直接塞入间隙处，当一片或数片尺片塞进被测间隙，则一片或数片的尺片厚度（可由每片上的标记读出）即为两贴合面之间的间隙值。

用厚薄尺测量时应注意：①一定要擦净尺面和工件后测量；②选用的厚薄尺片数越少误差越小；③插入时用力不能太大，以免皱曲或折断。

5.6　机床基本构造与传动机构

现代化工业生产绝大部分工作都是靠机床来进行的。金属切削机床是对金属工件进行切削加工的机器。由于它是用来制造机器的，也是唯一能制造机床自身的机器，故又称为"工作母机"，习惯上简称为机床。

机床是机械制造业的基本加工装备，它的品种、性能、质量和技术水平直接影响着其他机电产品的性能、质量、生产技术和企业的经济效益。机械工业为国民经济各部门提供技术装备的能力和水平，在很大程度上取决于机床的水平，所以机床属于基础机械装备。

实际生产中需要加工的工件种类繁多,其形状、结构、尺寸、精度、表面质量和数量等各不相同。为了满足不同加工的需要,机床的品种和规格也应多种多样。尽管机床的品种很多,各有特点,但它们在结构、传动及自动化等方面有许多类似之处,也有着共同的原理及规律。

5.6.1 切削机床的类型和基本构造

机床种类繁多,为了便于设计、制造、使用和管理,需要进行适当的分类。

按加工方式、加工对象或主要用途,机床分为 12 大类,即车床、钻床、镗床、磨床、齿轮加工机床、螺纹加工机床、铣床、刨插床、拉床、特种加工机床、锯床和其他机床等。在每一类机床中,又按工艺范围、布局形式和结构分为若干组,每一组又细分为若干系列。国家制定的机床型号编制方法就是依据此分类方法进行的。

按加工工件大小和机床质量,机床可分为仪表机床、中小机床、大型机床(10~30 t)、重型机床(30~100 t)和超重型机床(100 t 以上)。

按通用程度,机床可分为通用机床、专门化机床和专用机床。

按加工精度(指相对精度),机床可分为普通精度级机床、精密级机床和高精度级机床。

随着机床的发展,其分类方法也在不断发展。因为现代机床正向数控化方向转变,所以机床常被分为数控机床和非数控机床(传统机床)。数控机床的功能日趋多样化,工序更加集中。例如数控车床在卧式车床的基础上,集中了转塔车床、仿形车床、自动车床等多种车床的功能;车削加工中心在数控车床功能的基础上,又加入了钻、铣、镗等类机床的功能。

还有其他一些分类方法,不再列举。

为了简明地表示出机床的名称、主要规格和特性,以便对机床有一个清晰的概念,需要对每种机床赋予一定的型号。关于我国机床型号现行的编制方法,可参阅国家标准 GB/T 15375—1994《金属切削机床型号编制方法》。需要说明的是,对于已经定型,并按过去机床型号编制方法确定型号的机床,其型号不改变,故有些机床仍用原型号。

在各类机床中,车床、钻床、刨床、铣床和磨床是五种最基本的机床。尽管这些机床的外形、布局和构造各不相同,但归纳起来,它们都是由如下几个主要部分组成的。

(1)主传动部件。主传动部件是用来实现机床的主运动的部件,例如车床、钻床、铣床的主轴箱,刨床的变速箱等。

(2)进给传动部件。其主要用来实现机床的进给运动,也用来实现机床的调整、退刀,即快速运动,如车床的进给箱、刨床的进给机构等。

(3)工件的安装装置。工件的安装装置包括车床的三爪卡盘、尾架以及其他机床的工作台等。

(4)刀具的安装装置。即用于安装刀具的装置,如刀架、立式铣床的刀轴等。

(5)支撑件。支撑件主要指床身、底座等。

(6)动力源。动力源主要指电机,提供加工动力。

其他类型机床基本构造类似,都可以看成是这些典型机床的变形与发展。

5.6.2 常用传动机构

机床的传动有机械、液压、气动、电气等多种形式,其中最常见的是机械传动和液压传动。机床上的回转运动多为机械传动;而对于直线运动,则用到机械传动和液压传动。机床通过传动系统将动力源(如电动机或其他动力机械)与执行件(工件和刀具)联系在一起,使工件与刀具产生工作运动(旋转运动或直线运动),从而进行切削加工。常用的机械传动方式有以下几种。

1. 带传动

带传动是指利用传动带与带轮间的摩擦力传递轴间的转矩的传动方式。机床多用 V 形带传动。图 5-12 所示是皮带传动及传动简图。

d_1、d_2 分别为主动带轮和从动带轮的直径,n_1、n_2 分别为主动带轮和从动带轮的转速,i 为传动比,其计算公式为

$$i = \varepsilon n_2 / n_1 = \varepsilon d_1 / d_2$$

式中:ε——滑动系数,约为 0.98。

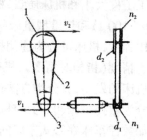

图 5-12　皮带传动
1,3—皮带轮;2—皮带

带传动的优点是传动的两轴间中心距变化范围较大,传动平稳,结构简单,制造和维修方便。当机床超负荷时传动带能自动打滑,起到安全保护作用。但也因传动带打滑,传递运动不准确,摩擦损失大,而传动效率低。带传动常用于电机到主轴箱的运动传递。实习时同学们要注意观察车床、铣床、台钻等电机到下一级传动件的传动方式。

2. 齿轮传动

齿轮传动是指利用两齿轮轮齿间的啮合关系传递运动和动力的传动方式。它是目前机床中应用最多的传动方式,传动形式和传动简图如图 5-13 所示。

z_1, z_2 分别为主动齿轮和从动齿轮的齿数,n_1, n_2 分别为主动齿轮和从动齿轮的转速,i 为传动比,其计算公式为

$$i = n_2 / n_1 = z_1 / z_2$$

齿轮传动的优点是结构紧凑,传动比准确,传递转矩大,寿命长;缺点是齿轮制造复杂,加工成本高。当齿轮精度较低时传动不够平稳,有噪声。图 5-13(a)为减速机三维设计装配剖面图,图 5-13(b)为传动简图。

3. 蜗杆蜗轮传动

蜗杆蜗轮传动是齿轮传动的特殊形式,即齿轮传动中,其中一个齿轮轮齿的螺旋角接近 90°时变成螺纹形状的蜗杆,形成蜗杆蜗轮转动,图 5-14 是蜗杆蜗轮传动及传动简图(图 5-14(a)为减速机内蜗杆蜗轮传动应用)。

设蜗杆的头数为 k,蜗轮的齿数为 z_2,蜗杆的转速为 n_1,蜗轮的转速为 n_2,则传动比 i 为

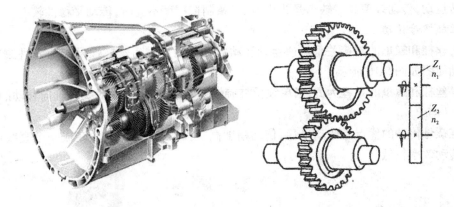

图 5-13　齿轮传动

(a)减速机三维设计装配剖面图；(b)传动简图

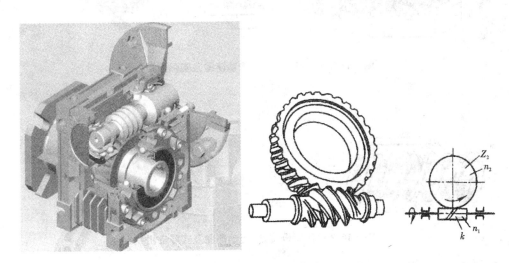

图 5-14　蜗杆蜗轮传动

(a)减速机内蜗杆蜗轮传动；(b)传动简图

$$i = n_2/n_1 = k/z_2$$

蜗杆蜗轮传动的优点是可获得较大的降速比，结构紧凑，传动平稳，噪声小。一般只能将蜗杆的转动传递给蜗轮，反向不能传递运动。缺点是传动效率低。

4. 齿轮齿条传动

齿轮齿条传动也是齿轮传动的特殊形式，即齿轮传动中，其中一个齿轮基圆无穷大时变成齿条，形成齿轮齿条传动，图 5-15 是齿轮齿条传动及传动简图。

当齿轮为主动时，可将旋转运动变成直线运动；当齿条为主动时，可将直线运动变成旋转运动。如果齿轮和齿条的模数为 m，则它们的齿距 $P = \pi m$。与齿轮传动一样，齿轮转过一个齿时，齿条移动一个齿距。若齿轮的齿数为 z，当齿轮旋转 n 转时，齿条移动的直线距离

$$l = Pzn = \pi mzn$$

齿轮齿条传动的优点是可将一个旋转运动变为一个直线运动，或将一个直线运动变为

一个旋转运动,传动效率高。缺点是当齿轮、齿条制造精度不高时,传动平稳性较差。

5.丝杠螺母传动

利用丝杠和螺母的连接关系传递运动和动力的传动方式为丝杠螺母传动,丝杠螺母传动及传动简图如图5-16所示。

如果丝杠和螺母的导程为P,当单线丝杠旋转n转时,与之配合的螺母轴向移动的距离

$$l = nP$$

丝杠螺母传动的优点是传动平稳,传动精度高,可将一个旋转运动变成一个直线运动。缺点是传动效率较低。

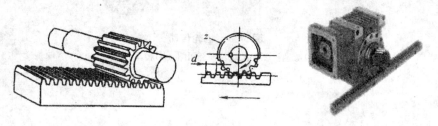

图5-15　齿轮齿条传动、传动简图及实际应用

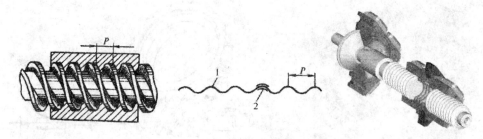

图5-16　丝杠螺母传动、传动简图及实际应用

6.常用变速机构

变换机床转速的主要装置是机床的齿轮箱。齿轮箱中的变速机构是由一些基本的机构组成的。基本变速机构是多种多样的,其中最常应用的有滑移齿轮变速、离合器变速两种机构,分别如图5-17和图5-18所示。

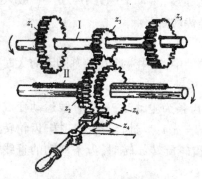

图5-17　滑移齿轮变速机构

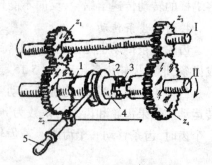

图5-18　离合器变速机构

5.7　数控机床的基本知识

5.7.1　数控机床简介

1. 数控机床的组成及工作原理

数控机床一般由程序载体、数控装置、伺服系统、测量装置、机床主体和其他辅助装置组成,如图 5-19 所示。

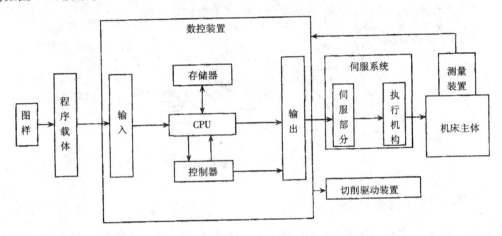

图 5-19　数控机床组成及其工作原理

1) 程序载体

程序载体可以是穿孔带,也可以是穿孔卡、磁带、磁盘或其他可以储存代码的载体。而在 CAD/CAM 集成系统中,程序可以直接送入数控装置,不需上述程序载体。

2) 数控装置

数控装置是数控机床的中枢。数控装置接收输入介质的信息,并将其代码加以识别、储存、运算,输出相应的指令脉冲以驱动伺服系统,进而控制机床动作。在计算机数控机床中,由于计算机本身即含有运算器、控制器等上述单元,因此其数控装置的作用由一台计算机来实现。

3) 伺服系统

其作用是把来自数控装置的脉冲信号转换为机床移动部件的运动,使工作台(或溜板)精确定位或按规定的轨迹作严格的相对运动,最后加工出符合图纸要求的零件。因此伺服系统的性能是决定数控机床的加工精度、表面质量和生产率的主要因素之一。

4) 测量装置

它们能将机床各坐标轴的实际位移值检测出来经反馈系统输入到机床数控装置中,数控装置对反馈回来的实际位移值与指令值进行比较,并向伺服系统输出达到设定值所需的位移量指令。

5) 机床主体

数控机床设计时,采用了许多新的加强刚性、减小热变形、提高精度等方面的措施,使得数控机床的外部造型、整体布局、传动系统以及刀具系统等方面都已发生了很大的变化。

6）辅助装置

常用的辅助装置包括：气动、液压装置,排屑装置,冷却、润滑装置,回转工作台和数控分度头,防护、照明等各种辅助设备。

2.数控机床的类型

数控机床的品种和规格繁多,分类方法不一。根据伺服系统有无测量反馈环节及测量反馈的方式,数控机床可分为开环控制数控机床、闭环控制数控机床和半闭环控制数控机床;根据控制运动方式的不同,可分为点位控制、直线控制和轮廓控制数控机床,如图 5-20 所示;按功能水平分类数控机床有多功能型和经济型数控机床等。

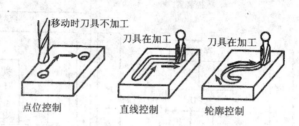

图 5-20　数控机床控制运动方式

5.7.2　数控机床的坐标系

在数控机床上进行加工,通常采用直角坐标系来描述刀具与工件的相对运动。为简化程序编制及保证具有互换性,国际上已制定了 ISO 标准坐标系,我国制定了 JB/T 3051—1999《数控机床坐标和运动方向的命名》。该标准规定坐标系统是一个右手直角笛卡儿坐标系,如图 5-21 所示。

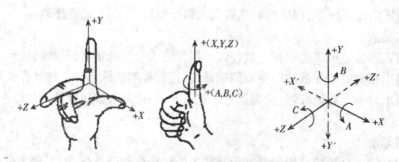

图 5-21　右手直角笛卡儿坐标系

1.坐标的确定

1）Z 坐标

按标准规定,机床传递切削力的主轴轴线为 Z 坐标。如果机床有几个主轴,则选一个垂直于装夹平面的主轴作为主要主轴。如果机床没有主轴(如龙门刨床),则规定垂直于工件装夹平面的某一方位为 Z 轴。刀具远离工件的方向是坐标轴正方向。

2）X 坐标

X 坐标一般是水平的,平行于装夹平面。对于工件旋转的机床(如车床),X 坐标的方向在工件的径向上。对于刀具旋转的机床则作如下规定:如 Z 轴是水平的,当从主轴向工件方向看时,X 运动的正方向指向右方;如 Z 轴是垂直的,当从刀具主轴向立柱看时,X 运动的正方向指向右方。

3)Y、A、B、C 及 U、V、W 等坐标

当 Z 坐标和 X 坐标确定后,由右手笛卡儿坐标系来确定 Y 坐标;A、B、C 表示绕 X、Y、Z 坐标的旋转运动,正方向按照右手螺旋法则确定,如图 5-21 所示;若有第二直角坐标系,可用 U、V、W 表示。

2.机床坐标系和工件坐标系

1)机床坐标系

以机床原点为坐标原点建立起来的 X、Y、Z 轴直角坐标系,称为机床坐标系,如图 5-22 所示。机床原点为机床上的一个固定点,也称机床零点。机床坐标系是机床固有的坐标系,一般情况下,机床坐标系在机床出厂前已经调整好,不允许用户随意变动。

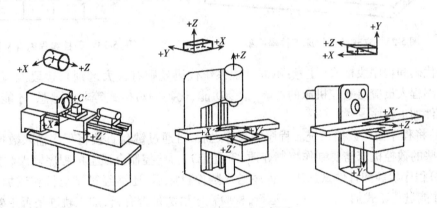

图 5-22 常见数控机床坐标系

2)工件坐标系

工件图样给出以后,首先应找出图样上的设计基准点,其他各项尺寸均以此点为基准进行标注。该基准点称为工件原点。以工件原点为坐标原点建立的 X、Y、Z 轴直角坐标系,称为工件坐标系,如图 5-23 所示。工件坐标系是为确定工件几何形体上各要素的位置而设置的坐标系。工件原点的位置是人为设定的,它是由编程人员在编制程序时根据工件的特点选定的,所以也称编程原点。数控编程时,应该首先确定编程原点,确定工件坐标系。

5.7.3 数控编程

1.数控编程的内容和步骤

数控编程的主要内容和一般步骤如图 5-24 所示。

(1)分析零件图纸和工艺处理。对零件图纸进行分析以明确加工的内容及要求,选择加工方案,确定加工顺序、走刀路线,选择合适的数控机床,设计夹具,选择刀具,确定合理的切削用量等。

(2)数学处理。在完成工艺处理的工作以后,需根据零件的几何形状、尺寸、走刀路线及设定的坐标系,计算粗、精加工各运动轨迹,得到刀位数据。

(3)编写零件加工程序。在加工顺序、工艺参数以及刀位数据确定后,就可按数控系统

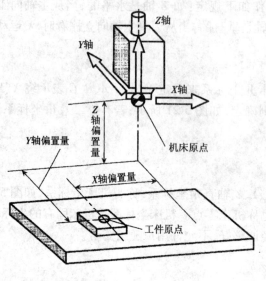

图 5-23　立式数控机床工件坐标系

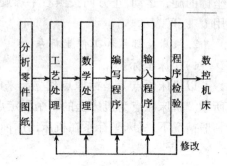

图 5-24　数控编程内容及步骤

的指令代码和程序段格式(注意:不同数控系统代码规则有很大区别),逐段编写零件加工程序。编程人员应对数控机床的性能、指令功能、代码书写格式等非常熟悉,才能编写出正确的零件加工程序。

(4)将程序输入数控系统。程序编写好之后,可通过键盘直接将程序输入数控系统,比较老一些的数控机床需要制作控制介质(穿孔带),再将控制介质上的程序输入数控系统。

(5)程序检验和首件试加工。程序送入数控机床后,还需经过试运行和试加工两步检验后,才能进行正式加工。通过试运行,检验程序语法是否有错,加工轨迹是否正确;通过试加工可以检验其加工工艺及有关切削参数指定得是否合理、加工精度能否满足零件图样要求、加工工效如何,以便进一步改进。

2.数控编程的方法

数控编程一般分为手工编程和自动编程。

编程时,若从零件图样分析、工艺处理、数值计算、编写程序单、程序输入至程序校验等各步骤均由人工完成,这样的编程方式称为手工编程。对于形状简单的零件,计算比较简单,程序短,采用手工编程较容易完成,而且经济、及时,因此在点定位加工及由直线与圆弧组成的轮廓加工中,手工编程仍广泛应用。

自动编程是利用计算机专用软件编制数控加工程序的过程,它包括数控语言编程和图形交互式编程两种方式。现代数控编程软件主要分为以批处理命令方式为主的各种类型的语言编程系统和交互式 CAD/CAM 集成化编程系统。

本教材只介绍手工编程基础。

国际上数控机床常用代码有 ISO 和 EIA 两种代码。ISO 代码是国际标准化组织制定的代码,EIA 是美国电子工业协会制定的代码。

数控机床程序由若干字组成,字是程序字的简称,在这里它是机床数字控制的专用术语。它被定义为:一套有规定次序的字符,可以作为一个信息单元存储、传递和操作。例如,X50、M03 等都是程序字。

常规加工程序中的字都是由一个英文字符和随后的若干位十进制数字组成。这个英文字符称为地址符。

程序字按其功能的不同可分为 7 种类型,分别是程序顺序号字(指的是程序的序号或名称)、准备功能字、尺寸字、进给功能字、主轴转速功能字、刀具功能字和辅助功能字。

1)准备功能字

准备功能字的地址符是 G,所以又称 G 功能、G 指令或 G 代码,它的命令最多,功能最全。它用来指令机床或控制系统的工作方式,为数控系统的插补运算做好准备。

在 ISO 中,准备功能字由地址符 G 和后续两位正整数表示,从 G00～G99 共 100 个。

在 ISO 中,G 代码被分成不同的组,在同一个程序段中可以指定不同组的 G 代码。此系统中有两种 G 代码,一种是模态 G 代码,另一种是非模态 G 代码。所谓模态 G 代码是指一经指定一直有效,直到出现同组的其他 G 代码代替为止。非模态 G 代码是指仅在指定的程序段内有效,每次使用时,都必须重新指定。JB/T 3208—1999 准备功能常用 G 代码表见表5-4。

表 5-4 ISO 代码常用准备功能字

代 码	功 能	组 别	代 码	功 能	组 别
G00	点定位	A	G19	YOZ 平面选择	B
G01	直线插补	A	G40	刀具补偿注销	C
G02	顺时针圆弧插补	A	G41	刀具左补偿	C
G03	逆时针圆弧插补	A	G42	刀具右补偿	C
G04 *	暂停		G90	绝对尺寸	D
G17	XOY 平面选择	B	G91	增量尺寸	D
G18	ZOX 平面选择	B			

注:带“*”号指令为非模态指令,其他为模态指令。

不同的数控系统的 G 代码的含义不一定完全相同,所以在使用时要特别注意。

此外,还有若干 G 代码,ISO 代码没有指定,可由生产控制系统厂家自己指定。所以,对于特定机床的数控程序编制,参看控制系统编程说明书,是很有必要的。

2)进给功能字

进给功能字的地址符用 F,所以又称 F 功能或 F 指令。它的功能是指令切削的进给速度。现在一般都能使用直接指定方式,即可以用 F 后的数字直接指定进给速度。

F 指令一般用在包含 G01、G02、G03 及固定循环指令的程序段中。例如,G01 X100.0Y100.0F100;其中 F100 表示进给速度为 100 mm/min。

3)主轴功能字

主轴功能字用来指定主轴的转速,地址符使用 S,所以又称 S 功能或 S 指令,单位是 r/min。现在的数控机床都采用直接指定方式。系统中一般用 M03 或 M04 指令与 S 指令一起来指定主轴的转速。例如,S1000M03;表示主轴以 1000 r/min 的速度顺时针旋转。

4)刀具功能字

刀具功能字用地址符 T 及随后的数字表示,所以也称为 T 功能或 T 指令。T 指令主要是用来指定加工时用的刀具号。对于数控车床,T 的后续数字还兼作指定刀具长度补偿和刀具半径补偿用。例如,T05M06;表示把刀库上的 5 号刀具换到主轴上。

5)辅助功能字

辅助功能字由地址符 M 及随后的数字组成,所以也称为 M 功能或 M 指令。它用来指令数控机床辅助装置的接通和断开(即开关动作),表示机床各种辅助动作及其状态。表5-5 为 JB/T 3208—1999 系统中常用的 M 代码。

表 5-5　ISO 代码常用辅助功能字

代　码	功　能	组　别	代　码	功　能	组　别
M02 *	程序结束		M06 *	换刀	
M03	主轴顺时针旋转	E	M08	冷却液开	F
M04	主轴逆时针旋转	E	M09	冷却液关	F
M05	主轴停止	E			

注:带"＊"号指令为非模态指令,其他为模态指令。

6)程序段格式

程序段格式是指程序段中字、字符和数据的安排规则。程序段格式有多种类型,现主要采用字地址可变程序段格式,即程序字长是不固定的,程序字的个数也是可变的,程序字的顺序是任意排列的。例如,程序段"G80G40G49"与"G49G40G80"的作用是完全相同的。

每一个程序段的结尾处必须用程序段结束代码来分隔。在 ISO 标准中用 EOB(end of block)符号;在 EIA 标准中用 LF 符号。在 Fanuc 系统中使用";"来作为程序段结束符号。

7)程序结构

常规加工程序由程序开始符(单独位于一个程序段)、程序名(单独位于一个程序段)、程序的主体和程序结束指令组成。程序的最后还有一个程序结束符,程序结束指令可用 M02 或 M30。

每种数控机床在出厂前,厂家会指定若干指令,都有其特殊的地方,所以在操作数控机床前必须阅读数控机床附带编程说明书。

3.基本 G 指令用法举例

1)G90 与 G91 用法

G90(绝对尺寸编程)与 G91(相对尺寸编程)的用法见图 5-25。

2)快速定位指令 G00

G00 指令用于命令刀具以点位控制方式从刀具当前所在位置以最快速度移动到下一个目标位置。它只是快速定位,无运动轨迹要求。系统在执行 G00 指令时,刀具不能与工件产生切削运动。例如,G00X10Y10;表示快速将刀具移到(10,10)位置。

3)直线插补命令 G01

G01 指令是用来指令机床作直线插补运动的。G01 指令后面的坐标值,取绝对值还是取增量值由系统当时的状态是 G90 状态还是 G91 状态决定,进给速度用 F 代码指定。例如,G01 X10 Y10 F5;表示以进给速度 5 mm/min,直线切削加工至(10,10)坐标点。

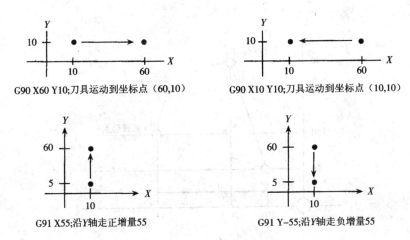

G90 X60 Y10;刀具运动到坐标点（60,10）　　　G90 X10 Y10;刀具运动到坐标点（10,10）

G91 X55;沿Y轴走正增量55　　　　　G91 Y−55;沿Y轴走负增量55

图 5-25　G90,G91 用法举例

4）刀具补偿指令 G41 和 G42

用刀具半径自动补偿命令可以直接以零件图作为编程轨迹,计算机自动计算刀具圆心运动轨迹。如图 5-26 所示,当铣刀顺时针加工四边形零件时,沿着刀具行进方向看去,如果刀具在零件的左侧则需要用刀具半径左偏补偿 G41 指令编程;反之,要用刀具半径右偏补偿 G42 指令编程。当换刀、刀具磨损时,仅改变刀具直径数值,程序不变,这种编程可以显著提高生产率。

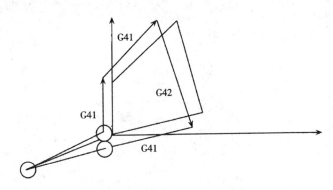

图 5-26　刀具偏置命令用法

5）圆弧插补指令 G02 和 G03

所谓的圆弧插补就是控制数控机床在各坐标平面内执行圆弧运动,将工件切削出圆弧轮廓。

圆弧插补有两种类型,分别是 G02 和 G03,顺时针方向切削时用 G02,逆时针方向切削时用 G03。如图 5-27 所示,X-Y 平面内从 A 点(40,20)到 B 点(20,40)圆弧加工编程代码可以有以下四种。

（1）G90G03X20 Y40 R33.33 F10;R 为圆弧半径。

（2）G90G03X20 Y40 I−30 J−10 F10;I、J 分别为圆弧起点指向圆心矢量在 X、Y 轴的投影。

（3）G91 G03 X−20 Y20 R33.33 F10;

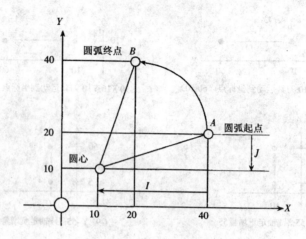

图 5-27　圆弧加工编程举例

(4) G91 G03 X－20 Y20 I－30 J－10 F10；

5.7.4　数控加工的特点

由于采用先进的机电一体化加工设备,数控加工与普通加工相比较表现出以下特点:①工序集中;②加工自动化;③劳动强度低;④产品质量稳定;⑤有利于生产管理现代化。

第 6 章 车削加工

实习目的及要求

 1.了解卧式车床的名称、主要组成部分及作用。

 2.了解车刀组成、主要角度的作用及其安装。

 3.了解工件的安装方式及其所用附件。

 4.掌握外圆、端面、内孔、台阶、螺纹、切槽和切断的加工操作方法。

 5.能按实习件图纸的技术要求正确、合理地选择工、夹、量具及制订简单的车削加工工序。

 6.了解数控车床的基本组成及编程加工过程。

6.1 车削加工概述

 车削加工是在车床上利用工件的旋转和刀具的移动来改变毛坯形状和尺寸,将其加工成所需零件的一种切削加工方法。其中主运动是工件的旋转运动,进给运动是刀具的移动。车削加工范围很广泛,可参见图6-1。常见的能加工的典型零件见图6-2。

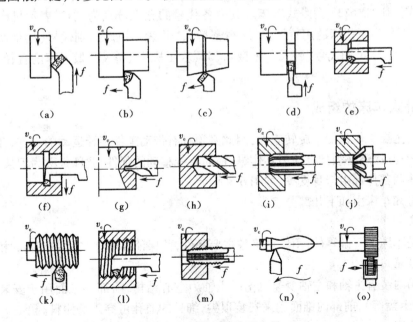

图6-1 车削加工的主要工作

(a)车端面;(b)车外圆;(c)车外锥面;(d)切槽或切断;(e)车内孔;(f)切内槽;(g)钻中心孔;
(h)钻孔;(i)铰孔;(j)镗锥孔;(k)车外螺纹;(l)车内螺纹;(m)攻螺纹;(n)车成形面;(o)滚花

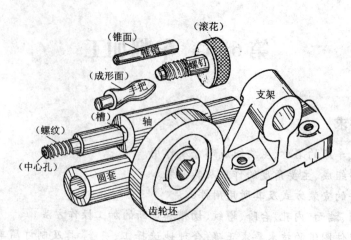

图 6-2　车削加工典型零件

6.2　车床

6.2.1　车床型号

车削加工是在车床上完成的。在机械工厂中,车床是各种工作机床中应用最广泛的设备,约占金属切削机床总数的 50%。车床的种类和规格很多,其中以卧式车床应用最广泛。

车床型号是按照 GB/T 15375《金属切削机床型号编制方法》规定的,由汉语拼音和阿拉伯数字组成。如 CM6132 型卧式车床。其中各代号的含义分别为:"C"表示机床类别代号(车床类);"M"表示机床通用特性代号(精密型);"6"表示机床组别代号(落地及卧式车床系);"1"表示机床型别代号(卧式车床型);"32"表示机床主参数(最大车削直径 320 mm × 1/10)。

6.2.2　卧式车床的组成

车床的主要工作是加工旋转表面,因此必须具有带动工件旋转运动的部件,此部件称为主轴及尾架;其次还必须具有使刀具作纵、横向直线移动的部件,此部件称为刀架、溜板和进给箱。上述两部件都由床身支撑,如图 6-3 所示。

由图可知车床由如下几部分组成。

1. 床身

床身是车床的基础零件,用以连接各主要部件,并保证各部件之间有正确的相对位置。

2. 主轴箱

主轴箱内装有主轴和主轴变速机构。主轴为空心结构,前部外锥面用于安装夹持工件的附件(如卡盘等),前部内锥面用来安装顶尖,细长的通孔可穿入长棒料。

3. 进给箱

进给箱内装有进给运动变速机构。通过调整进给箱外部手柄的位置,可把主轴的旋转运动传给光杠或丝杠,以得到不同的进给量或螺距。

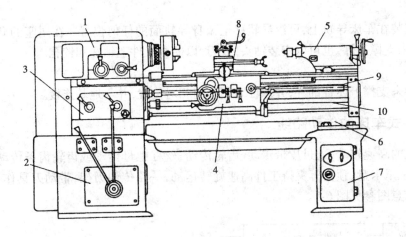

图 6-3　CM6132 卧式车床
1—主轴箱;2—变速箱;3—进给箱;4—溜板箱;5—尾架;6—床身;7—床腿;
8—刀架;9—丝杠;10—光杠

4. 光杠和丝杠

通过光杠和丝杠将进给箱的运动传给溜板箱。光杠用于自动走刀车削螺纹以外的表面,如外圆等;丝杠只用于车削螺纹。

5. 溜板箱

溜板箱与刀架连接,是车床进给运动的操纵箱。它可以将光杠传过来的旋转运动变为车刀需要的纵向或横向的直线运动,也可以操纵对开螺母,使丝杠带动车刀沿纵向进给以车削螺纹。

6. 刀架

刀架用来夹持工件使其作纵向、横向或斜向的进给运动。刀架由大拖板(又称大刀架)、中滑板(又称中刀架、横刀架)、转盘、小滑板(又称小刀架)和方刀架组成。其中,大拖板与溜板箱连接,带动车刀沿床身导轨作纵向移动;中滑板安装在大拖板上,带动车刀沿大拖板上面的导轨作横向移动;转盘用螺栓与中滑板紧固在一起,松开螺母,可使其在水平面内扭转任意角度(参见图6-4)。

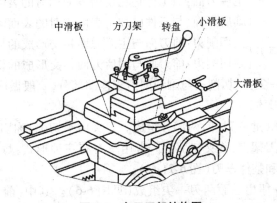

中滑板　方刀架　转盘　小滑板
大滑板

图 6-4　车刀刀架结构图

7. 尾座

尾座安装在车床导轨上,可沿导轨移至床身导轨面的任何位置。在尾座的套筒内装有顶尖,可用来支撑工件,也可以安装钻头、铰刀,以便在工件上钻孔和铰孔。

8. 床腿

床腿用来支撑上述各部件,并保证它们之间相对位置,并与地基连接。

6.2.3　卧式车床的传动路线

电动机的高速转动,通过皮带传动、齿轮传动、丝杠螺母传动或齿轮齿条传动传到机床主轴,带动三爪卡盘、顶尖等夹持工件高速旋转运动,一路传到刀架,带动刀具作进给运动。传动路线示意图参见图6-5。

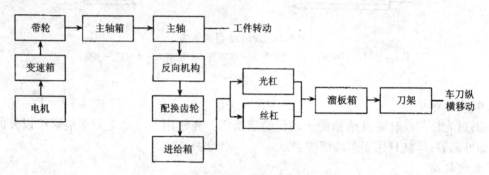

图 6-5　车床传动路线示意图

6.3　车刀及其安装

6.3.1　车刀的组成

车刀的组成如下所示(见图6-6)。

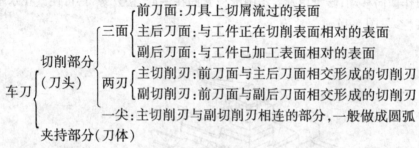

车刀由刀头和刀体(通称刀杆)两部分组成。刀头用于切削,称切削部分。刀体用于支撑刀头,并便于安装在刀架上,称夹持部分。常用车刀有三种形式:焊接车刀(图6-7(a))、机夹车刀(图6-7(b))和整体车刀(图6-7(c))。

车刀的切削部分一般由三面两刃一尖组成(见图6-6)。其中:前刀面是切屑沿着它流动的面,也就是车刀的上面;主后刀面是与工件切削表面相对的面;副后刀面是与工件已加工表面相对的面;主切削刃是前刀面和主后刀面的交线,它担负着主要的切削任务;副切削

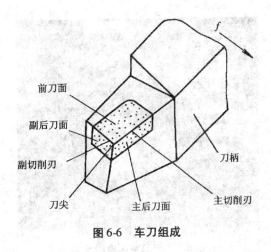

图 6-6 车刀组成

刃是前刀面和副后刀面的交线,它担负少量的切削任务;刀尖是主切削刃和副切削刃的相交部分,通常磨成一小段过渡圆弧。

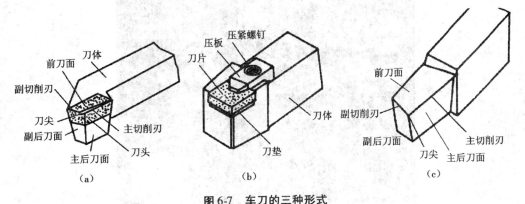

图 6-7 车刀的三种形式

(a)焊接车刀;(b)机夹车刀;(c)整体车刀

6.3.2 车刀的主要角度及其作用

车刀切削部分的主要角度有前角 γ_0、后角 α_0、主偏角 k_r、副偏角 k'_r 和刃倾角 λ_s。确定车刀的角度先要确定空间坐标系,即确定三个两两互相垂直的平面。

(1)基面:通过切削刃上某一点,与该点切削速度方向垂直的平面。

(2)主剖面:过主切削刃上某点,与主切削刃在基面上的投影互相垂直的平面。

(3)切削平面:过主切削刃上某点与该点加工表面相切的平面(包含切削速度),参见图6-8。

各平面确定如下刀具角度(参见图6-9)。

1.前角

前角 γ_0 是在主剖面中测量的水平面与前刀面之间的夹角。其作用是使刀刃锋利,便于切削。但前角过大会削弱刀刃的强度。前角 γ_0 一般为 $5° \sim 20°$,加工塑性材料选较大值,加工脆性材料选较小值。

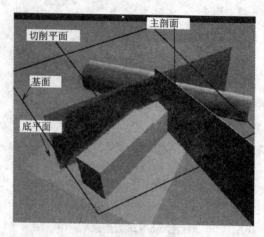

图 6-8　车刀空间坐标平面

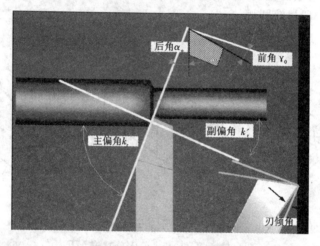

图 6-9　车刀车外圆时角度

2. 后角

后角 α_0 是包含主切削刃的铅垂面与主后刀面之间的夹角。其作用是减小车削时主后刀面与工件的摩擦。后角一般为 3°～12°。粗加工时选较小值,精加工时选较大值。

3. 主偏角

主偏角 k_r 是进给方向与主切削刃之间的夹角。主偏角减小,刀尖强度增加,切削条件得到改善。但主偏角减小,工件的径向力增大。故车削细长轴时,为减小径向力,常用 $k_r=65°$ 或 90°的车刀。车刀常用的主偏角有 45°、60°、65°、90°几种。

4. 副偏角

副偏角 k_r' 是进给运动的反方向与副切削刃之间的夹角。其主要作用是减小副切削刃与已加工表面之间的摩擦,改善加工表面结构。在同样吃刀深度和进给量的情况下,减小副偏角,可以减小车削后的残留面积,使表面结构值降低。一般选取 $k_r'=5°$～15°。

5. 刃倾角

刃倾角 λ_s 是主切削刃与水平面之间的夹角。其作用是控制屑片流动的方向及改变刀尖强度。一般选取 $\lambda_s = -5° \sim 5°$。

6.3.3 车刀的安装

车刀安装在方刀架上,刀尖一般应与车床中心等高。此外,车刀在方刀架上伸出的长短要合适,垫刀片要放得平整,车刀与方刀架都要锁紧。

6.4 工件的安装及所用附件

车床主要用于加工回转表面。安装工件时,应该使要加工表面回转中心和车床主轴的中心线重合,以保证工件位置准确;同时还要把工件卡紧,以承受切削力,保证工作时的安全。在车床上常用的装卡附件有三爪卡盘、四爪卡盘、顶尖、中心架、跟刀架、花盘和弯板等。

6.4.1 用三爪卡盘安装工件

三爪卡盘是车床上最常用的附件,三爪卡盘的构造如图6-10所示。当转动小伞齿轮时,可使与它相啮合的大伞齿轮随之转动,大伞齿轮背面的平面螺纹就使三个卡爪同时缩向中心或涨开,以夹紧不同直径的工件。由于三个卡爪同时移动并能自行对中(对中精度为0.05~0.15 mm),故三爪卡盘适于快速夹持截面为圆形、正三边形、正六边形的工件。三爪卡盘还附带三个"反爪",换到卡盘体上即可用来夹持直径较大的工件(见图6-10(c))。

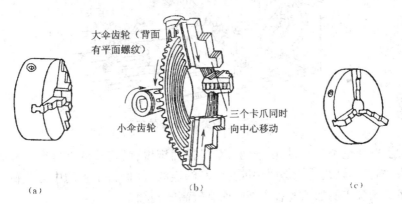

图6-10 三爪卡盘

(a)三爪卡盘外形;(b)三爪卡盘结构;(c)反三爪卡盘

6.4.2 用四爪卡盘安装工件

四爪卡盘外形与三爪卡盘相近,但用途更为广泛。它不但可以安装截面是圆形的工件,还可以安装截面是方形、长方形、椭圆或其他不规则形状的工件。此外,四爪卡盘较三爪卡盘的卡紧力大,所以也用来安装较重的圆形截面工件。如果把四个卡爪各自掉头安装到卡盘体上,起到"反爪"作用,即可安装较大的工件。由于四爪卡盘的四个卡爪是独立移动的,在安装工件时须进行仔细的找正工作,参见图6-11。

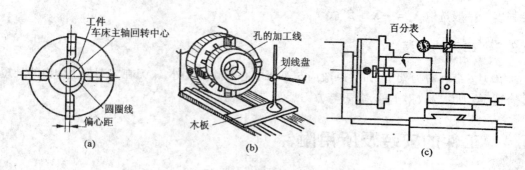

图 6-11　四爪单动卡盘及其找正

（a）四爪卡盘安装后偏心的回转体；（b）划线找正；（c）用百分表找正

6.4.3　用顶尖安装工件

在车床上加工轴类工件时，往往用顶尖来安装工件，如图 6-12 所示。把轴架放在前后两个顶尖上，前顶尖装在主轴的锥孔内，并和主轴一起旋转，后顶尖装在尾架套筒内，前后顶尖就确定了轴的位置。将卡箍卡紧在轴端上，卡箍的尾部伸入到拨盘的槽中，拨盘安装在主轴上（安装方式与三爪卡盘相同）并随主轴一起转动，通过拨盘带动卡箍即可使轴转动。

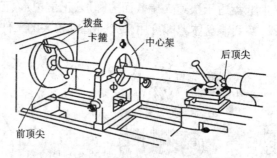

图 6-12　顶尖、中心架的安装

在顶尖上安装轴类工件时，由于两端都是锥面定位，其定位的准确度比较高，即使多次装卸与掉头，零件的轴线始终是两端锥孔中心的连线，即保持了轴的中心线位置不变，因而能保证在多次安装中所加工的各个外圆面有较高的同轴度。

6.4.4　中心架与跟刀架的使用

加工细长轴时，为了防止轴受切削力的作用而产生弯曲变形，往往需要加用中心架或跟刀架。

中心架固定于床面上。支撑工件前先在工件上车出一小段光滑表面，然后调整中心架的三个支撑爪与其接触，再分段进行车削。图 6-12 是利用中心架及顶尖安装来车外圆，工件的右端加工完毕后掉头再加工另一端。中心架多用于加工阶梯轴。

跟刀架与中心架不同，它固定于刀架上，并随刀架一起作纵向移动。使用跟刀架需先在工件上靠后顶尖的一端车出一小段外圆，根据它来调节跟刀架的支撑爪，然后再车出工件的全长。跟刀架多用于加工细长的光轴和长丝杠等工件，见图 6-13。

应用跟刀架或中心架时，工件被支撑部分应是加工过的外圆表面，并要加机油润滑。工

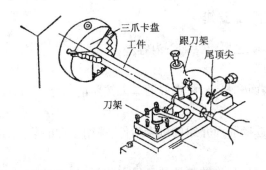

图 6-13　跟刀架的应用

件的转速不能很高,以免工件与支撑爪之间摩擦过热而烧坏或磨损支撑爪。

6.4.5　用花盘、弯板及压板、螺栓安装工件

当在车床上加工形状不规则的大型工件时,为保证加工平面与安装平面的平行(或加工外圆、孔的轴线与安装平面的垂直),可以把工件直接压在花盘上加工。花盘是安装在车床主轴上的一个大圆盘,盘面上的许多长槽用以穿放螺栓,如图 6-14(a)所示。花盘的端面必须平整,且跳动量很小。用花盘安装工件时,需经过仔细找正。

有些复杂的零件要求孔的轴线与安装面平行,或要求孔的轴线垂直相交时,可用花盘、弯板安装工件,如图 6-14(b)所示。弯板要有一定的刚度和强度,用于贴靠花盘和安放工件的两个面应有较高的垂直度。弯板安装在花盘上要仔细地进行找正,工件紧固于弯板上也须找正。用花盘或花盘、弯板安装工件,由于重心常偏向一边,需要在另一边上加平衡铁予以平衡,以减小旋转时的振动。

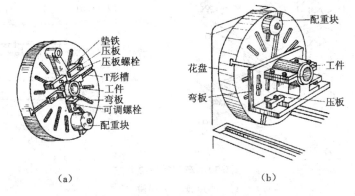

（a）　　　　　　　　　　　　　　（b）

图 6-14　不规则工件的安装
(a)花盘上装夹工件;(b)花盘与弯板配合装夹工件

6.5　车床基本操作

车床基本操作的要点包括车削加工的步骤安排、车刀的安装、刻度盘及其手柄的使用方法、粗车与精车和试切的方法等内容。

6.5.1 车削加工的步骤安排

车床操作的一般步骤主要包括如下内容。

1. 选择和安装车刀

根据零件的加工表面和材料,将选好的车刀按照前面介绍的方法牢固地装夹在刀架上。

2. 安装工件

根据工件的类型,选择前面介绍的机床附件,采用合理的装夹方法,稳固夹紧工件。

3. 开车对刀

首先启动车床,使刀具与旋转工件的最外点接触,以此作为调整背吃刀量的起点,然后向右退出刀具。

4. 试切加工

对需要试切的工件,进行试切加工。若不需要试切加工,可用横刀架刻度盘直接进给到预定的切削深度。

5. 切削加工

根据零件的要求,合理确定进给次数,进行切削加工,加工完成后进行测量检验,以确保零件的质量。

6.5.2 车刀的安装

如图 6-15 所示,车刀安装应注意以下几点。

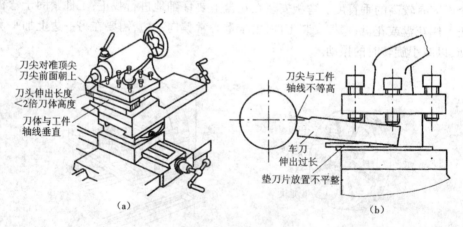

图 6-15　车刀的安装方法
(a)正确;(b)错误

(1)车刀刀尖应与车床主轴轴线等高,可根据尾座顶尖的高度来确定刀尖高度。

(2)车刀刀杆应与车床轴线垂直,否则将改变主偏角和副偏角的大小。

(3)车刀的刀体悬伸长度应小于刀杆厚度的 1.5 ~ 2 倍,以防切削时产生振动,影响加工质量。

(4)垫刀片应平整、放正,并与刀架对齐。垫刀片一般使用 1 ~ 3 片,太多会降低刀杆与刀架的接触刚度。

(5)车刀装好后,应检查车刀在工件的加工极限位置时是否产生运动干涉或碰撞。

6.5.3　刻度盘及其手柄的使用方法

在切削工件时,为了准确和迅速地掌握切削深度,通常用中滑板或小滑板的刻度盘上的刻度作为进刀的参考依据。

中滑板的刻度盘紧固在丝杠轴头上,它们通过丝杠螺母紧固在一起,当中滑板手柄带着刻度盘转一周时,丝杠也转动一周,这样螺母带动中滑板移动一个螺距。因此中滑板的移动距离可根据刻度盘上的格数来计算。

刻度盘每转一格中滑板带动刀架横向移动的距离(mm) = 丝杠螺距 ÷ 刻度盘格数,CA6132 刻度盘每转一格相当于刀架横向移动 0.02 mm,即相当于直径方向减小 0.04 mm。

使用刻度盘时,由于丝杠和螺母之间存在间隙,会产生空行程,使用时必须慢慢调整刻度盘,如果刻度盘手柄转过了头,或试切时发现尺寸不对需退刀时,刻度盘不能直接退到所需要的刻度,应按图 6-16 所示的方法调整。

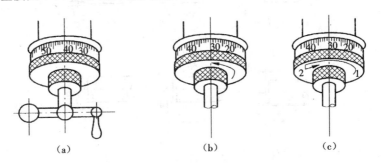

图 6-16　刻度盘手柄退刀方法

(a)要求手柄转至 30,但摇过头成 40;(b)直接退至 30,错误;

(c)反转约一圈后,再转至所需位置 30,正确

加工工件的外圆时,刻度盘手柄顺时针旋转,使刀向工件中心运动为进刀,反之为退刀。小滑板刻度盘主要用于控制零件的轴向尺寸,其刻度原理及使用方法与中滑板相同。

6.5.4　粗车与精车

在加工工件时,根据图纸要求,工件的加工余量需要经过几次走刀才能切除,为了提高生产率,保证工件尺寸精度和表面结构,可把车削加工分为粗车和精车。这样可以根据不同阶段的加工,合理选择切削参数。

粗车的目的是尽快切除毛坯上各加工表面的大部分加工余量,使毛坯在形状和尺寸上接近零件成品。粗车时,不仅要尽快切除加工余量以提高生产效率,还要给精车留有合适的加工余量,但是粗车对精度和表面质量要求较低,表面结构值大。选择粗车切削用量时,首先选择尽可能大的背吃刀量,一般应使留给本工序的加工余量一次切除,以减少走刀次数,提高生产率。

精车的主要目的是保证零件要求质量和表面结构,因此,选择小的背吃刀量,小的进给量,所以效率较低。

有时根据需要在粗车和精车之间再加半精车,其车削参数介于两者之间。

6.5.5 试切的方法

在半精车和精车加工时,为了获得准确的背吃刀量,保证工件的尺寸精度,只靠刻度盘来进刀是不行的。因为刻度盘和丝杠都存在一定的误差,往往不能满足半精车和精车的要求,这就需要采用试切的方法。

试切方法就是通过试切—测量—调整—再试切的方法反复进行,使工件尺寸达到要求的加工方法。具体地讲,首先开动车床对刀,使车刀与工件表面有轻微的接触;然后向右退出车刀,接着增加横向背吃刀量来切削工件,切削 1~3 mm 后退出车刀,进行测量,如果尺寸合格了,就按照这个背吃刀量将整个表面加工完毕;如果尺寸还大,就要按照前面的步骤重新进行试切,直到尺寸合格后才能继续车削,如图 6-17 所示。

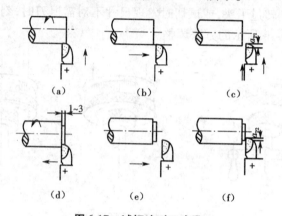

图 6-17 试切法对刀步骤

(a)对刀;(b)向右退出车刀;(c)横向进刀;(d)切削 1~3 mm;
(e)退出车刀;(f)继续进刀

6.6 车削加工基本内容

车削时,主运动为工件的旋转,进给运动为车刀的移动,因此由旋转表面组成的轴、盘类零件大多是经车床加工出来的,如内外圆柱面、圆锥面、端面、内外成形旋转表面、内外螺纹等的加工都能在车床上完成。

6.6.1 车削外圆

将工件表面车削成圆形的方法称为车外圆。它是生产中最基本、应用最广的工序。

车削外圆时常用的车刀如图 6-18 所示,尖刀主要用于车外圆,45°弯头刀和 90°偏刀通用性较好,可车外圆,又可车端面。右偏刀车削带有台阶的工件和细长轴,不易顶弯工件。带有圆弧的刀尖常用来车带过渡圆弧表面的外圆。

1. 粗车外圆

选择粗车切削用量时,首先选择尽可能大的背吃刀量,一般应使留给本工序的加工余量一次切除,以减少走刀次数,提高生产率。当余量太大或工艺系统刚性较差时,则可经两次或更多次走刀去除。若分两次走刀,则第一次走刀所切除的余量应占整个余量的 2/3 ~

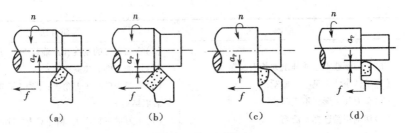

图 6-18　车外圆的车刀

(a)尖刀车外圆；(b)45°弯头刀车外圆；(c)右偏刀车外圆；(d)圆弧刀车外圆

3/4。这就要求切削刀具能承受较大切削力，因此，应选用尖头刀和弯头刀。

粗车锻、铸件时，表面有硬层，可先车端面，或先倒角，然后选择大于硬皮厚度的背吃刀量，以免刀尖被硬皮过快磨损。

2. 精车外圆

精车的目的是要保证工件的尺寸精度和表面质量，因此主要考虑表面结构的要求，这就要求采取下列的措施。

(1)合理选择车刀角度，一般用90°偏刀精车外圆。

(2)合理选择切削用量，加工铜等塑性材料时，采用高速或低速切削可以获得较好的加工表面质量。尽可能选用小的进给量和背吃刀量。

(3)合理选择切削液。低速精车钢件时可用乳化液；低速精车铸件时用煤油润滑。用硬质合金车刀进行切削时，一般不需加注切削液，如需加注，必须连续加注。

(4)采用试切法时，由于中拖板的丝杠及其螺母的螺距与刻度盘的刻线均有一定的间隙和制造误差，完全靠刻度盘确定切削深度难以保证精车的尺寸精度，必须采用试切法，即通过反复进行试切—测量—调整—试切，使工件尺寸达到加工要求。

3. 外圆车削质量分析

车削外圆时产生废品的主要原因及预防方法见表6-1。

表 6-1　外圆车削质量分析

废品种类	产生原因	预防方法
尺寸精度达不到要求	(1)操作者粗心大意，看错图纸或刻度盘使用不当； (2)车削时盲目吃刀，没有进行试切削； (3)量具本身有误差或测量不正确	(1)车削时必须看清图纸尺寸要求，正确使用刻度盘，看清格数； (2)根据加工余量算出吃刀深度，进行试切削，然后修正背吃刀量； (3)量具使用前，必须仔细检查和调整零位，正确掌握测量方法
产生锥度	(1)工件安装时悬臂较长，车削时因切削力影响使前端让开，产生锥度； (2)用小拖板车外圆时产生锥度，使小拖板的位置不正，即小拖板的刻线与中拖板上的刻线没有对准"0"线。	(1)尽量减小工件的伸出长度，或另一端用顶尖支顶，增加装夹刚性； (2)使用小拖板车外圆时，必须事先检查小拖板上的刻线是否与中拖板刻线的"0"线对准
产生椭圆	毛坯余量不均匀，在切削过程中背吃刀量发生变化	分粗、精车

废品种类	产生原因	预防方法
表面结构达不到要求	(1)车刀刚性不足或伸出太长引起振动； (2)工件刚性不足引起振动； (3)车刀几何形状不正确； (4)切削用量选择不恰当。	(1)增加车刀的刚性和正确装夹车刀； (2)增加工件的装夹刚性； (3)选择合理的车刀角度；用油石研磨切削刃，降低表面结构值； (4)走刀量不宜太大，精车余量和切削速度选择适当

6.6.2　端面车削

端面常作为轴类、盘套类零件的轴向基准，车削加工时，一般都先将端面车出。对工件端面进行车削的方法称为车端面。

车端面应用端面车刀，常用的有90°偏刀和45°弯头刀。开动车床使工件旋转，移动床鞍(或小滑板)控制背吃刀量，中滑板横向走刀进行横向进给车削，如图6-19所示。

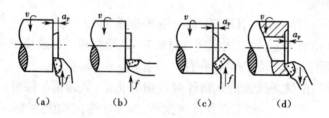

图6-19　车端面方法
(a)右偏刀由外向中心车端面；(b)左偏刀由外向中心车端面；
(c)用弯头车刀由外向中心车端面；(d)用右偏刀由中心向外车端面

车端面时，应注意以下几点。

(1)安装工件时，要对其外圆及端面找正。

(2)安装车刀时，刀尖应对准零件中心，以免车出的端面留下小凸台。

(3)由于车削时被切部分直径不断变化，从而引起切削速度的变化，应适当调整转速，使靠近工件中心处的转速高些，最后一刀可由中心向外进给。

(4)若出现端面不平整的现象，应将床鞍板紧固在床身上，用小滑板调整背吃刀量，使车刀能准确地横向进给。

6.6.3　内孔车削

车床上最常用的内孔车削形式为钻孔和镗孔，在实体材料上进行孔加工时，先要钻孔，再进行镗孔(见图6-20)。

1. 钻孔

钻孔时刀具为麻花钻，通常是装在尾架套筒内由手动进给。钻孔时应注意以下几点。

(1)钻孔前先车端面，中心处不能有凸台，必要时先打中心孔或凹坑。

(2)钻削开始时和钻通之前进刀都要慢，钻削过程中应随时退刀以清除切屑。

(3)充分使用切削液冷却工件、切屑和刀具。

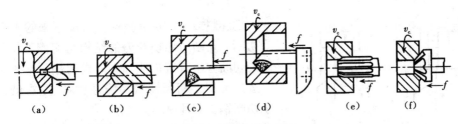

图 6-20　在车床上加工孔

(a)钻中心孔;(b)钻孔;(c)镗盲孔;(d)镗通孔;(e)铰孔;(f)锪锥孔

(4)孔钻通或钻到要求深度时,应先退出钻头,再停车。

2. 镗孔

在已有孔(钻孔、铸孔、锻孔)的工件上对孔作进一步扩径的加工称镗孔。镗孔有以下三种情况。

(1)通孔。镗通孔可采用与外圆车刀相似的45°弯头镗刀。为了减小表面结构值,副偏角可选较小值。

(2)盲孔。镗不通孔或台阶孔时,由于孔的底部有一端面,因此孔加工时镗刀主偏角应大于90°,精镗盲孔时刃倾角 λ_s 一般取负值,以使切屑从孔口排出。

(3)内环形槽。实际上这是在孔内局部对孔径进行扩大,类似在外围表面上切槽。

镗孔时由于刀具截面面积受被加工孔径大小的影响,刀杆悬伸长,使工作条件变差,因此解决好镗刀的刚度是保证镗孔质量的关键。

6.6.4　切槽与切断

1. 切槽

回转体零件表面上常有一些功能性沟槽,如退刀槽、砂轮越程槽、油槽和密封槽等。在工件表面车削沟槽的方法称为切槽。根据沟槽在零件上的位置,可将其分为外槽、内槽与端面槽,如图 6-21 所示。

轴上的外槽和孔的内槽多属于工艺槽,如车螺纹时的退刀槽、磨削时的砂轮越程槽。此外有些沟槽,或是装上零件作定位、密封之用,或是作为油、气的通道及贮存油脂作润滑之用等。在轴上切槽与车端面相似。宽度小于 5 mm 的窄槽,可用主切削刃与槽等宽的切槽刀一次切出;切削宽度大于 5 mm 的宽槽时,可分几次切出(参见图 6-22)。

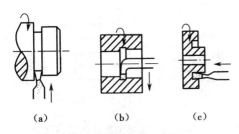

图 6-21　切槽的形状及切槽方法

(a)切外槽;(b)切内槽;(c)切端面槽

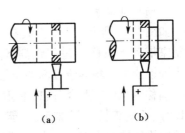

图 6-22　切宽槽方法

(a)切窄槽;(b)多次切入加宽

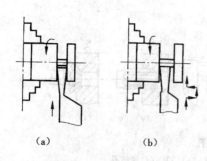

图 6-23 常用切断方法

(a)直进法;(b)左右借刀法

2. 切断

把坯料或工件从夹持端上分离下来的车削方法称为切断。切断所用切断刀的结构与切槽刀相似。常用的切断方法有直进法和左右借刀法（见图 6-23）。直进法常用于切断铸铁等脆性材料；左右借刀法用于切断钢等塑性材料。

切断刀刀头窄而长，切断时伸进工件内部，散热条件差，排屑困难，切削时易折断。

6.6.5 锥体车削

锥面有配合紧密、传递扭矩大、定心准确、同轴度高、拆装方便等优点，故锥体使用广泛。锥面是车床上除内外圆柱面之外最常加工的表面之一。最常用的锥体车削方法有如下几种。

1. 宽刀法

如图 6-24 所示，宽刀法是利用刀具的刃形（角度及长度）横向进给切出所需圆锥面的方法。此时要求刀刃必须平直，切削加工系统要求较高的刚性，适用于批量生产。

2. 转动小刀架法

图 6-25 所示为用转动小刀架法车锥体。由于车床小刀架（上滑板）行程较短，只能加工短锥面且多为手动进给，故车削时进给量不均匀，表面质量较差。但此法调整最方便且锥角大小不受限制，因此获得广泛应用。

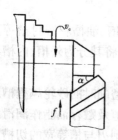

图 6-24 宽刀法加工锥面

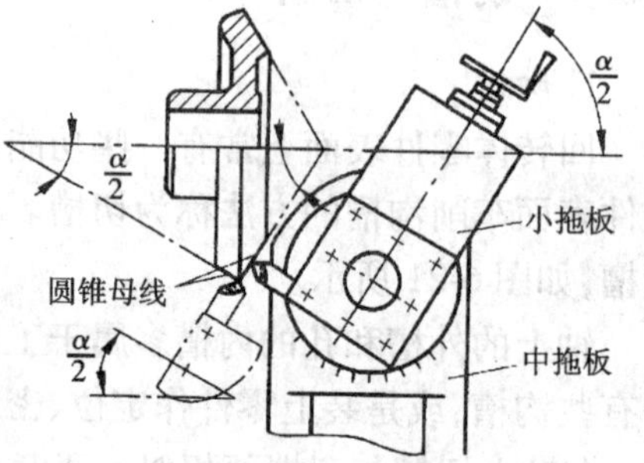

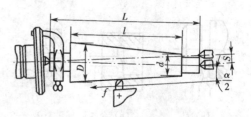

图 6-25 转动小刀架法加工锥面

3. 偏移尾架法

如图 6-26 所示，工件安装在前后顶尖上，将尾座带动顶尖横向偏移距离 S，使工件轴线与主轴轴线的交角等于锥面的半锥角 $\alpha/2$。

偏移尾架法适合加工锥度较小（小于 $\pm 10°$）、长度较长的圆锥面，并能自动走刀，表面结构值比转动小刀架法小。但因顶尖在中心孔中歪斜，接触不良，所以中心孔易磨损，且不能加工内圆锥面。

图 6-26 偏移尾架法加工锥面

4.靠模法

利用此方法时,车床上要安装靠模附件,小刀架要转过90°以作吃刀调节之用。它的优点是可在自动进给条件下车削锥体,且一批工件能获得稳定一致的合格锥度,但目前已逐渐被数控车削锥体所代替,因此在这里不再讲述。

6.6.6　螺纹车削

螺纹种类很多,按牙型分为三角形螺纹、梯形螺纹和方牙螺纹等。按标准分有公制螺纹和英制螺纹两种,前者三角螺纹的牙型角为60°,用螺距或导程来表示其主要规格;后者三角螺纹的牙型角为55°,用每英寸牙数表示其主要规格。各种螺纹都有左旋、右旋、单线、多线之分,其中公制三角螺纹应用最广,被称为普通螺纹。

1.螺纹车削

1)螺纹车刀及其安装

螺纹牙型要靠螺纹车刀的正确形状来保证,因此三角螺纹车刀刀尖及刀刃的交角应为60°,而且精车时车刀的前角应等于0°,刀具的安装应保证刀尖分角线与工件轴线垂直。

2)车螺纹时车床运动的调整

通常在具体操作时可按车床进给箱标牌上表示的数值按交换齿轮齿数及欲加工工件的螺距值,调整相应的进给调速手柄即可满足要求。

2.车螺纹的操作过程

图6-27所示为车外螺纹时的操作过程,具体如下:①开车对刀——记下刻度盘读数,车刀向右退离工件,如图6-27(a)所示;②开车试切——合上开合螺母,走刀车螺纹至退刀槽,退刀,停车,如图6-27(b)所示;③退刀检查——倒车使车刀退至工件右端外,停车,检查螺距是否对,如图6-27(c)所示;④适当进刀——开始车削,至退刀槽停车,如图6-27(d)所示;⑤退刀——倒车使车刀退至工件右端外,如图6-27(e)所示;⑥再进刀——重复以上加工动作直至完成,如图6-27(f)所示。

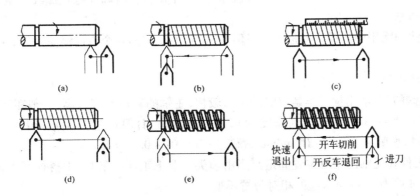

图6-27　车螺纹的操作过程

(a)开车对刀;(b)开车试切;(c)退刀检查;(d)适当进刀;(e)退刀;(f)再进刀

车内螺纹与车外螺纹基本相同,只是进刀与退刀的方向相反。

3.螺纹车刀及其安装

为了使车出的螺纹形状准确,必须使车刀刃部的形状与螺纹轴向截面形状相吻合,即牙型角等于刀尖角。如图6-28所示,车三角形普通螺纹时,车刀的刀尖角 $\alpha = 60°$,并且其前角等于零,才能保证工件螺纹的牙形角,否则牙形角将产生误差。粗加工或螺纹要求不高时,其前角可取 $5° \sim 20°$。

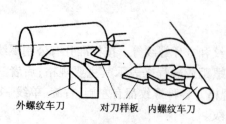

图6-28　螺纹车刀的对刀样板对刀

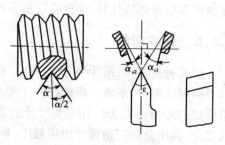

图6-29　螺纹车刀正确安装

　　螺纹车刀装夹是否正确,对车出的螺纹质量有很大影响。如图6-29所示,为了使螺纹牙形半角相等,必须用样板对刀,以保证车床的螺纹牙形两边对称。刀尖应与工件中心等高,否则,螺纹截面将有所改变。

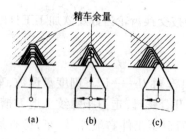

图6-30　车螺纹进刀方法
（a）直进法;（b）借刀法;（c）斜进法

4. 进刀方法

　　螺纹的牙型是经过多次走刀形成的,车削螺纹的进刀方式主要有三种,如图6-30所示。

　　1)直进法

　　直进法即用中滑板垂直进刀,两个切削刃同时进行切削,此法适用于小螺距螺纹或最后精车螺纹。

　　2)借刀法

　　借刀法即除用中滑板垂直进刀外,同时用小滑板使车刀左右微量进刀,只有一个刀刃切削,车削比较平稳,操作复杂,适用于塑性材料和大螺距螺纹的粗车。

　　3)斜进法

　　斜进法即除用中滑板横向进给外,还用小滑板使车刀向一个方向微量进给,主要用于粗车。

5. 注意事项

　　(1)选择好车削用量。车螺纹时的走刀较快,主轴的转速不宜过高,一般粗车时选切削速度为 $13 \sim 18$ m/min,每次切削深度为 0.15 mm 左右,计算好进刀次数,留精车余量 0.2 mm;精车时,切削速度为 $5 \sim 10$ m/min,每次进刀 $0.02 \sim 0.05$ mm。

　　(2)工件和主轴的相对位置固定。当由顶尖上取下工件测量时,不得松开卡箍;重新安装工件时,必须使卡箍与卡盘的相对位置不变。

　　(3)若切削中途换刀,需重新对刀。由于传动系统存在间隙,对刀时,应先使车刀沿切削方向走一段距离,停车后再进行对刀。此时移动小滑板使车刀切削刃与螺纹槽相吻合即可。

　　(4)为保证每次走刀时,刀尖都能正确落在已经车削过的螺纹槽内,当丝杠的螺距不是零件螺距的整数倍时,不能在车削过程中打开开合螺母,应采用正反车法。

（5）车削螺纹（特别是内螺纹）时，禁止用手触摸工件和用棉纱擦拭旋转的螺纹。

6．测量与检验

螺纹的测量主要是测量螺距、牙形角和螺纹中径。螺距一般用钢直尺测量，牙形角一般用样板测量，也可用螺距规同时测量螺距和牙形角。只有中径是靠加工过程中的正确操作来保证的。

6.6.7　车成形面

在回转体上有时会出现母线为曲线的回转表面（如手柄、手轮等），这些表面称为成形面。

在车床上加工成形面的方法一般有双手控制法、成形刀法、靠模法和数控法。

1．双手控制法

如图 6-31 所示，双手控制法是指双手同时操纵中、小滑板手柄，作纵向和横向进给进行车削，使刀尖的运动轨迹与工件成形面母线轨迹一致。该方法加工简单方便，但对操作者技术要求高，零件成形后，还需进行锉修，生产效率低，加工精度低。

2．成形车刀法

如图 6-32 所示，成形车刀法是指用类似工件轮廓的成形车刀车出所需的轮廓线。成形刀装夹时刃口应与零件轴线等高。此法车刀与工件的接触面大，易振动，应采用小的切削用量，只作横向进给，且要有良好的润滑条件。此法操作简单方便，生产率高，且能获得精确的表面形状。但成形刀制造成本高，且不容易刃磨，因此，成形车刀法仅适用于批量生产。

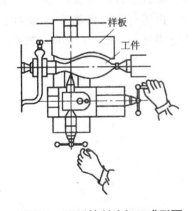

图 6-31　双手控制法加工成形面

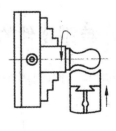

图 6-32　成形刀法加工成形面

3．靠模法

靠模法车削原理与圆锥面加工中的靠模法类似，只要把靠模板制成所需回转成形面的母线形状，使刀尖运动轨迹与靠模板形状完全相同，即可车出成形面。此法加工零件的尺寸不受限制，可采用机动进给，适用于生产批量大、车削轴向长度长、形状简单的成形面零件。（参考靠模法车削锥面，考虑有什么异同）

4．数控法

数控法是按零件轴向剖面的成形面的成形母线轨迹，编制数控加工程序，输入数控车床，完成成形面的加工。由于数控车床刚性好，制造和对刀精度高以及能方便地进行人工补偿和自动补偿，因此，车出的成形面质量高，生产率也高，还可车复杂形状的零件。

6.6.8　滚花

滚花是用特制的滚花刀挤压工件,使其表面产生塑性变形而形成花纹的方法(见图6-33)。

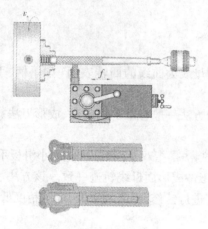

图6-33　滚花

滚花刀有直纹滚花刀和网纹滚花刀,分别用于滚两种花纹。滚花前,须将滚花部分的直径车得比工件所要求尺寸小0.15~0.8 mm,这是因为滚花后外径由于有了滚花的凸起,尺寸要变大0.15~0.8 mm。然后将滚花刀的表面与工件平行接触,保持两中心线一致。当滚花刀接触工件开始切削时,须用较大的压力,等到一定深度后,再进行纵向自动进给,这样表面滚压1~2次,直到花纹滚好为止。此外,滚花时工件的转速要低,并施加充足的切削液。

6.7　典型零件的车削工艺

制作榔头柄(见图6-34)的工艺流程见表6-2。

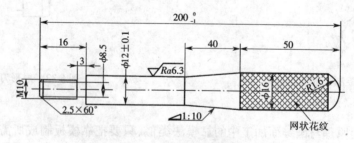

图6-34　榔头柄零件图

表 6-2　榔头柄工艺卡

天津商业大学车工实习考核件	零件名称	榔头柄	数量	1 件
机械加工工艺卡片	毛坯种类	φ18 圆钢热轧状态	材料牌号	45 号钢
	毛坯尺寸	φ18×205 mm	质量	0.251 kg

序号	工步	设备	刀具夹具等	工序内容	备注
1	找正夹紧		三爪卡盘,刀架扳手等	毛坯伸出 5 mm,找正夹紧	
2	车端面		45°弯头刀	车端面	
3	钻中心孔		尾架,中心钻	钻端面中心孔	
4	顶尖三爪安装夹紧		三爪卡盘,顶尖	夹持毛坯伸出 60 mm,顶尖、三爪共同安装	
5	车外圆,滚花,车圆弧面	CM6132普通卧式车床	90°外圆车刀,滚花刀	车外圆 φ16 长 60 mm,滚花 50 mm,车端面 R10 半圆球面(双手控制法)	
6	掉头,找正夹紧		三爪卡盘,顶尖	三爪卡盘掉头找正夹紧	
7	车端面		45°弯头刀	车端面	
8	钻中心孔		尾架,中心钻	钻另一端端面中心孔	
9	顶尖三爪安装夹紧		三爪卡盘,顶尖	三爪卡盘夹滚花部位,顶尖顶中心孔	
10	车外圆		90°车刀	按需要外径车 M16 螺纹的外圆至 16 mm,车 φ12 外圆,车 φ40 长的锥度	
11	车退刀槽,倒角		切槽刀,45°弯头刀	切 3 mm 宽退刀槽,车倒角	
12	套螺纹 M10		板牙,三爪卡盘	套扣	
13	检验		游标卡尺	按图纸检验	

6.8　数控车床

数控车床主要由车床主体和数控系统两部分组成,如图 6-35 所示。其中,车床主体基本保持了普通车床的布局形式,包括主轴箱、导轨、床身和尾座等部件,取消了进给箱、溜板箱、小拖板、光杠及丝杠等进给运动部件,而由伺服电机和滚珠丝杠等组成并实现进给运动;数控系统主要由计算机主机、键盘、显示器、输入输出控制器、功率放大器和检测电路等组成。

1. 床身和导轨

数控车床的床身结构和导轨有多种形式,床身主要有水平床身、倾斜床身和水平床身斜滑鞍等;导轨则多采用滚动导轨和静压导轨等。

2. 伺服电机

伺服电机又称执行电动机,在自动控制系统中,用作执行元件,把所收到的电信号转换成电动机轴上的角位移或角速度输出,并且带动丝杠把角度按照对应规格的导程转化为直线位移。

图 6-35　数控机床外形

3. 滚珠丝杠

滚珠丝杠由螺杆、螺母和滚珠组成,它的功能是将旋转运动转化成直线运动。滚珠丝杠具有轴向精度高、运动平稳、传动精度高、不易磨损和使用寿命长等优点。滚珠丝杠螺母副参见图 6-36。

图 6-36　滚珠丝杠螺母副

4. 数控系统

数控装置的核心是计算机及其软件,它在数控车床中起指挥作用。数控装置接收由加工程序送来的各种信息,经处理和调配后,向数控车床执行机构发出命令,执行机构按命令进行加工动作。与普通车床相比较,数控车床除了具有计算机控制系统和检测装置外,其主传动和进给系统与普通车床在结构上也存在着本质上的差别。

6.9　数控车加工操作与编程

华中世纪星(HNC—21T)是一套基于 PC 的车床 CNC 数控装置,本节主要介绍 HNC—

21T 的操作台构成以及软件操作界面,并简单介绍数控车削加工编程的基础知识。

6.9.1　基本结构与主要功能

1. 操作装置

1)操作台结构

其操作台结构如图 6-38 所示。

2)显示器

其显示器如图 6-38 所示。

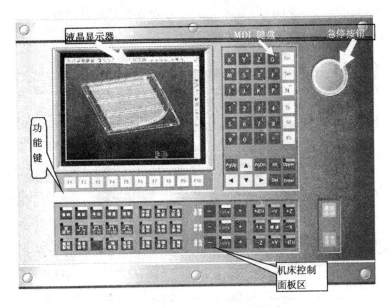

图 6-38　HNC—21T 数控车操作台

3)NC 键盘

NC 键盘包括精简型 MDI 键盘和 F1～F10 十个功能键。标准化的字母数字式键盘的大部分键具有上档键功能,当"UPPER"键有效时,指示灯亮,输入的是上档键。NC 键盘用于零件程序的编制、参数输入、MDI 及系统管理操作等。

4)机床控制面板(MCP)

其大部分按键(除"急停"按钮外)位于操作台的下部,"急停"按钮位于操作台的右上角。机床控制面板用于直接控制机床的动作或加工过程。

5)MPG 手持单元

MPG 手持单元由手摇脉冲发生器、坐标轴选择开关组成,用于手摇方式增量进给坐标轴。其结构如图 6-39 所示。

2. 软件操作界面

HNC—21T 的软件操作界面如图 6-40 所示,其界面由如下几部分组成。

(1)图形显示窗口。可以根据需要,用功能键 F9 设置窗口的显示内容。

(2)菜单命令条。通过菜单命令条中的功能键 F1～F10 来完成系统功能的操作。

(3)运行程序索引。显示自动加工中的程序名和当前程序段行号。

图 6-39 MPG 手持单元

（4）选定坐标系下的坐标值。坐标系可在机床坐标系/工件坐标系/相对坐标系之间切换；显示值可在指令位置/实际位置/剩余进给/跟踪误差/负载电流/补偿值之间切换。

（5）工件坐标零点在机床坐标系下的坐标。

（6）倍率修调。倍率修调包括主轴修调、进给修调和快速修调。主轴修调为当前主轴修调倍率；进给修调为当前进给修调倍率；快速修调为当前快进修调倍率。

（7）当前加工程序行。

（8）当前加工方式、系统运行状态及当前时间。

（9）当前坐标、剩余进给。

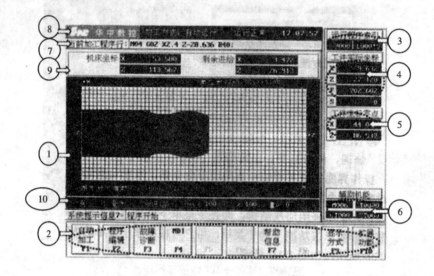

图 6-40 软件操作界面

（10）直径/半径编程、公制/英制编程、每分钟/每转进给、快速修调、进给修调、主轴修调倍率。

工作方式：系统工作方式根据机床控制面板上相应按键的状态可在自动（运行）、单段（运行）、手动（运行）、增量（运行）、回零、急停、复位等之间切换。

运行状态：系统工作状态在"运行正常"和"出错"间切换。

系统时钟：显示当前系统时间。

操作界面中最重要的一块是菜单命令条。系统功能的操作主要通过菜单命令条中的功能键 F1～F10 来完成。由于每个功能包括不同的操作，菜单采用层次结构，即在主菜单下选择一个菜单项后，数控装置会显示该功能下的子菜单，用户可根据该子菜单的内容选择所需的操作。

数控机床所提供的各种功能可通过控制面板上的键盘操作得以实现。

6.9.2　数控车床的操作

数控车床的操作是通过操作面板和控制面板来完成的。由于生产厂家或者数控系统选配上的不同,面板功能和布局可能存在差异。操作前应结合具体设备情况,仔细阅读操作说明书。

1. 上电

上电部分包括如下几点:

(1)检查机床状态是否正常;

(2)检查电源电压是否符合要求,接线是否正确;

(3)按下"急停"按钮;

(4)机床上电;

(5)数控上电;

(6)检查风扇电机运转是否正常;

(7)检查面板上的指示灯是否正常。

接通数控装置电源后,HNC—21T 装置自动运行系统软件。

2. 复位

系统上电进入软件操作界面时,系统的工作方式为"急停",为控制系统运行,需左旋并拔起操作台右上角的"急停"按钮使系统复位,并接通伺服电源。系统默认进入"回参考点"方式,软件操作界面的工作方式变为"回零"。

3. 返回机床参考点

控制机床运动的前提是建立机床坐标系,为此,系统接通电源、复位后首先应进行机床各轴回参考点的操作,方法如下。

(1)如果系统显示的当前工作方式不是回零方式,按一下控制面板上面的"回零"按键,确保系统处于"回零"方式。

(2)根据 X 轴机床参数"回参考点方向",按一下" + X"("回参考点方向"为" + ")或" − X"("回参考点方向"为" − ")按键,X 轴回到参考点后," + X"或" − X"按键内的指示灯亮。

(3)用同样的方法使用" + Z"、" − Z"按键,可以使 Z 轴回参考点。所有轴回参考点后,即建立了机床坐标系。

注意:①回参考点时应确保安全,在机床运行方向上不会发生碰撞,一般应选择 Z 轴先回参考点,将刀具抬起;②在每次电源接通后,必须先完成各轴的返回参考点的操作,然后再进入其他运行方式,以确保各轴坐标的正确性;③同时使用多个相容(" + X"与" − X"不相容,其余类同)的轴向选择按键,每次能使多个坐标轴返回参考点;④在回参考点前,应确保回零轴位于参考点的"回参考点方向"相反侧(如 X 轴的回参考点方向为负,则回参考点前,应保证 X 轴当前位置在参考点的正向侧),否则应手动移动该轴直到满足此条件;⑤在回参考点过程中,若出现超程,请按住控制面板上的"超程解除"按键,向相反方向手动移动该轴使其退出超程状态。

4. 急停

机床运行过程中,在危险或紧急情况下,按下"急停"按钮,CNC 即进入急停状态,伺服进给及主轴立即停止工作(控制柜内的进给驱动电源被切断);松开"急停"按钮(左旋此按钮,自动跳起),CNC 进入复位状态。

解除紧急停止前,先确认故障原因已经排除,且紧急停止解除后应重新执行回参考点操作,以确保坐标位置的正确性。

注意:在上电和关机之前应按下"急停"按钮以减小设备电冲击。

5.关机

(1)按下控制面板上的"急停"按钮,断开伺服电源;

(2)断开数控电源;

(3)断开机床电源。

6.9.3　手动操作

机床手动操作主要由手持单元和机床控制面板共同完成,机床控制面板如图 6-40 所示。

1.坐标轴移动

手动移动机床坐标轴的操作由手持单元和机床控制面板上的"方式选择"、"轴手动"、"增量倍率"、"进给修调"、"快速修调"等按键共同完成。

1)点动进给

按一下"手动"按键(指示灯亮),系统处于点动运行方式,可点动移动机床坐标轴(下面以点动移动 X 轴为例说明)。

(1)按压"+X"或"-X"按键(指示灯亮),X 轴将产生正向或负向连续移动。

(2)松开"+X"或"-X"按键(指示灯灭),X 轴即减速停止。

用同样的操作方法使用"+Z"、"-Z"按键,可以使 Z 轴产生正向或负向连续移动。在点动运行方式下,同时按压 X、Z 方向的"轴手动"按键,能同时手动连续移动 X、Z 坐标轴。

2)点动快速移动

在点动进给时,若同时按压"快进"按键,则产生相应轴的正向或负向快速运动。

3)点动进给速度选择

在点动进给时,进给速率为系统参数"最高快移速度"的 1/3 乘以进给修调选择的进给倍率。点动快速移动的速率为系统参数"最高快移速度"乘以快速修调选择的快移倍率。

按压进给修调或快速修调右侧的"100%"按键(指示灯亮),进给或快速修调倍率被置为 100%,按一下"+"按键,修调倍率递增 5%,按一下"-"按键,修调倍率递减 5%。

4)增量进给

当手持单元的坐标轴选择波段开关置于"Off"挡时,按一下控制面板上的"增量"按键(指示灯亮),系统处于增量进给方式,可增量移动机床坐标轴(下面以增量进给 X 轴为例说明)。

(1)按一下"+X"或"-X"按键(指示灯亮),X 轴将向正向或负向移动一个增量值。

(2)再按一下"+X"或"-X"按键,X 轴将向正向或负向继续移动一个增量值。

用同样的操作方法,使用"+Z"、"-Z"按键可使 Z 轴向正向或负向移动一个增量值,同时按一下 X、Z 方向的"轴手动"按键,能同时增量进给 X、Z 坐标轴。

5)增量值的选择

增量进给的增量值由"X1"、"X10"、"X100"、"X1000"4 个增量倍率按键控制。增量倍率按键和增量值的对应关系如下所示。

增量倍率按键	X1	X10	X100	X1000
增量值/mm	0.001	0.01	0.1	1

注意:这几个按键互锁,即按一下其中一个(指示灯亮),其余几个会失效(指示灯灭)。

6)手摇进给

当手持单元的坐标轴选择波段开关置于"X"、"Y"、"Z"、"4TH"挡(对车床而言,只有"X"、"Z"有效)时,按一下控制面板上的"增量"按键(指示灯亮),系统处于手摇进给方式,可手摇进给机床坐标轴(下面以手摇进给 X 轴为例说明)。

(1)手持单元的坐标轴选择波段开关置于"X"挡。

(2)顺时针/逆时针旋转手摇脉冲发生器一格, X 轴将向正向或负向移动一个增量值。

用同样的操作方法使用手持单元,可以控制 Z 轴向正向或负向移动一个增量值。

手摇进给方式每次只能增量进给 1 个坐标轴。手摇进给的增量值(手摇脉冲发生器每转一格的移动量)由手持单元的增量倍率波段开关"X1"、"X10"、"X100"控制。

2.手动数据输入(MDI)运行(F4~F6)

在主操作界面下(如图 6-40),按 F4 键进入 MDI 功能子菜单,命令行与菜单条的显示如图 6-41。在 MDI 功能子菜单下按 F6,进入 MDI 运行方式,命令行的底色变成了白色,并且有光标在闪烁,这时可以从 NC 键盘输入并执行一个 G 代码指令段,即"MDI 运行"。

图 6-41　MDI 功能子菜单

注意:自动运行过程中,不能进入 MDI 运行方式,可在进给保持后进入。

在输入完一个 MDI 指令段后,按一下操作面板上的"循环启动"键,系统即开始运行所输入的 MDI 指令。如果输入的 MDI 指令信息不完整或存在语法错误,系统会提示相应的错误信息,此时不能运行 MDI 指令。

在系统正在运行 MDI 指令时,按 F7 键即可停止 MDI 运行。

6.9.4　常用基本编程指令

1.常用准备功能指令(见表 6-3)

准备功能指令又称 G 功能指令,是使数控机床准备好某种运动方式的指令。不同的数控系统,G 代码功能可能会有所不同,具体编程时,要参考数控机床所配备的数控系统说明书。

表 6-3　常用 G 功能指令

指　令	指令格式	轨迹图	功能说明
G00	G00;	终点　起点	利用该指令可以使刀具以较快的移动速度（系统设定的最大速度）移动到指定的位置
*G01	G01 X_Z_F_;	终点　起点	利用该指令刀具可以进行直线插补切削运动。指令的 X,Z 后的数值可分别为绝对值或增量值；由 F 指定进给速度
G02	G02 X_Z_R_F_;或G02 X_Z_I_K_F_;	G02 X..Z..I..K..F..;或G02 X..Z..R..F..;（绝对值指定）（直径编程）圆弧中心	利用该指令刀具可以沿着顺时针圆弧作切削运动。所谓顺时针和逆时针是指在右手直角坐标系中，对于 Z—X 平面，从 Y 轴的正方向往负方向看时而判定的转向。用地址 X,Z（绝对坐标）或者 U,W（增量坐标）指定圆弧的终点。增量值是从圆弧的始点到终点的距离值。圆弧中心用地址 I,K 指定。它们分别对应于 X,Z 轴。但 I,K 后面的数值是从圆弧始点到圆心的矢量分量，是增量值。I,K 根据方向带有符号。圆弧中心除用 I,K 指定外，还可以用半径 R 来指定（仅可对小于 180° 的圆弧指定）
G03	G03 X_Z_R_F_;或G03 X_Z_I_K_F_;	G03 X..Z..I..K..F..;或G03 X..Z..R..F..;（绝对值指定）（直径编程）圆弧中心	利用该指令刀具可以沿着逆时针圆弧作切削运动。其他同 G02 指令说明
G04	G04 P_;或 G04 X_;或 G04 U_;		该指令为暂停指令，可以推迟下个程序段的执行，推迟时间为指令指定的时间。以秒为单位指定暂停时间，指定范围为 0.001 ~ 99999.999 s。如果省略了 P,X 指令则可看作是准确停

续表

指　令	指令格式	轨迹图	功能说明
G41 G42 * G40	G41； G42； G40；	G41（工件在左侧） 工件 G42（工件在右侧）	G40，G41，G42 指令用于取消或产生向量。这些 G 代码与 G00，G01，G02，G03 等一起使用来指定刀具移动的补偿模式。其中： G41：左偏补偿，沿程序路径左侧移动； G42：右偏补偿，沿程序路径右侧移动； G40：取消补偿，沿程序路径移动。 在开机后，系统立刻进入取消补偿模式。程序必须在取消模式下结束。否则，刀具不能在终点定位，刀具停止在离终点一个向量长度的位置

注：带有 * 记号的 G 代码是指当电源接通时，系统处于这个 G 代码的状态。

2. 辅助功能——M 代码

辅助功能由地址字 M 和其后的一或两位数字组成，主要用于控制零件程序的走向，以及机床各种辅助功能的开关动作。

M 功能有非模态 M 功能和模态 M 功能两种形式：非模态 M 功能（当段有效代码）只在书写了该代码的程序段中有效；模态 M 功能（续效代码）是一组可相互注销的 M 功能，这些功能在被同一组的另一个功能注销前一直有效。

模态 M 功能组中包含一个默认功能（见表 6-4），系统上电时将被初始化为该功能。

表 6-4　M 代码及功能

代　码	模　态	功能说明	代　码	模　态	功能说明
M00	非模态	程序停止	M07	模态	切削液开
M02	非模态	程序结束	M09	模态	切削液关
M03	模态	主轴正转	M30	非模态	结束程序并返回程序起点
M04	模态	主轴反转			
M05	模态	主轴停止转动	M98	非模态	调用子程序
M06	非模态	换刀	M99	非模态	子程序结束

M00、M02、M30、M98、M99 用于控制零件程序的走向，是 CNC 内定的辅助功能，不由机床制造商设计决定。其余 M 代码用于机床各种辅助功能的开关动作，其功能不由 CNC 内定，而是由 PLC 程序指定，所以有可能因机床制造厂的不同而有差异。

1）CNC 内定的辅助功能

（1）程序暂停 M00。

当 CNC 执行到 M00 指令时，将暂停执行当前程序，以方便操作者进行刀具和工件的尺寸测量、工件掉头、手动变速等操作。

暂停时，机床的进给停止，而全部现存的模态信息保持不变。欲继续执行后续程序，重按操作面板上的"循环启动"键即可。

（2）程序结束 M02。

M02 一般放在主程序的最后一个程序段中。当 CNC 执行到 M02 指令时，机床的主轴、进给、冷却液全部停止，加工结束。使用 M02 的程序结束后，若要重新执行该程序，就得重新调用该程序。

（3）程序结束并返回到零件程序起点 M30。

M30 和 M02 功能基本相同，只是 M30 指令还兼有控制返回到零件程序头（％）的作用。

使用 M30 的程序结束后，若要重新执行该程序，只需再次按操作面板上的"循环启动"键即可。

2）PLC 设定的辅助功能

（1）主轴控制指令 M03、M04、M05。

M03 启动主轴，以程序中编制的主轴速度顺时针方向（从 Z 轴正向朝 Z 轴负向看）旋转。

M04 启动主轴，以程序中编制的主轴速度逆时针方向旋转。

M05 使主轴停止旋转。

M03、M04、M05 可相互注销。

（2）冷却液打开、停止指令 M07、M08、M09。

M07、M08 指令将打开冷却液管道。M09 指令将关闭冷却液管道。

3. 主轴功能 S、进给功能 F 和刀具功能 T

1）主轴功能 S

主轴功能 S 控制主轴转速，其后的数值表示主轴速度，单位为 r/min。对于具有恒线速度功能的数控车床，S 指定切削线速度，其后的数值单位为 m/min。G96 为恒线速度有效，G97 为取消恒线速度。

S 是模态指令，S 功能只有在主轴速度可调节时有效。

S 所编程的主轴转速可以借助机床控制面板上的主轴倍率开关进行修调。

2）进给功能 F

F 指令表示工件被加工时刀具相对于工件的合成进给速度，F 的单位取决于 G94（每分钟进给量，mm/min）或 G95（主轴每转一圈刀具的进给量，mm/r）。

当系统工作在 G01、G02 或 G03 方式下，编程的 F 一直有效，直到被新的 F 值所取代；而工作在 G00 方式下，快速定位的速度是各轴的最高速度，与所编 F 无关。

借助机床控制面板上的倍率按键，F 可在一定范围内进行倍率修调。当执行攻螺纹循环 G76 和 G82、螺纹切削 G32 时，倍率开关失效，进给倍率固定在 100％。

3）刀具功能（T 机能）

T 代码用于选刀，其后的 4 位数字分别表示选择的刀具号和刀具补偿号。T 代码与刀具的关系是由机床制造厂规定的，应参考机床厂家的说明书。执行 T 指令，转动转塔刀架，选用指定的刀具。当一个程序段同时包含 T 代码与刀具移动指令时，先执行 T 代码指令，而后执行刀具移动指令。

6.10　典型零件数控车削加工

数控机床所加工的零件通常要比普通机床所加工的零件工艺复杂得多。在数控机床加工前,要将机床的运动过程、零件的工艺过程、刀具的形状、切削用量和走刀路线等都编入程序。

6.10.1　编程步骤

1. 产品图纸分析

此步主要完成如下工作:①尺寸完整性检查;②分析产品精度、表面粗糙度等要求;③分析产品材质、硬度等。

2. 工艺处理

主要完成的工作:①加工方式及设备确定;②毛坯尺寸及材料确定;③装夹定位的确定;④加工路径及起刀点、换刀点的确定;⑤刀具数量、材料、几何参数的确定;⑥切削参数的确定。

粗、精车工艺:粗车进给量应较大,以缩短切削时间;精车进给量应较小,以降低表面结构值。一般情况下,精车进给量以小于 0.2 mm/r 为宜,但要考虑刀尖圆弧半径的影响;粗车进给量大于 0.25 mm/r。

3. 数学处理

(1)编程零点及工件坐标系的确定。

(2)各节点数值计算。

4. 其他主要内容

(1)按规定格式编写程序单。

(2)按"程序编辑步骤"输入程序,并检查程序。

(3)修改程序。

6.10.2　编程实例

编制图 6-42 所示零件的加工程序。工艺条件:工件材质为 45 号钢或铝;毛坯为 $\phi 54$ mm,长 200 mm 的棒料。刀具选用:1 号端面刀加工工件端面,2 号端面外圆刀粗加工工件轮廓,3 号端面外圆刀精加工工件轮廓,4 号外圆螺纹刀加工导程为 3 mm、螺距为 1 mm 的三头螺纹。程序如下。

```
          %3346
N1      T0101                    (换 1 号端面刀,确定其坐标系)
N2      M03 S500                 (主轴以 500 r/min 正转)
N3      G00 X100 Z80             (至程序起点或换刀点位置)
N4      G00 X60 Z5               (到简单端面循环起点位置)
N5      G81 X0 Z1.5 F100         (简单端面循环加工,加工过长毛坯)
N6      G81 X0 Z0                (简单端面循环加工过长毛坯)
N7      G00 X100 Z80             (到程序起点或换刀点位置)
```

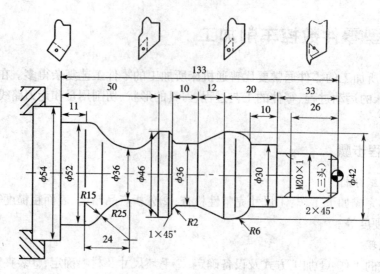

图 6-42 数控车床考核件编程实例

N8	T0202	（换 2 号外圆粗加工刀,确定其坐标系）
N9	G00 X60 Z3	（到简单外圆循环起点位置）
N10	G80 X52.6 Z – 133 F100	（简单外圆循环加工过大毛坯直径）
N11	G01 X54	（到复合循环起点位置）
N12	G71 U1 R1 P16 Q32 E0.3	（有凹槽外径粗切复合循环加工）
N13	G00 X100 Z80	（粗加工后,至换刀点位置）
N14	T0303	（换 3 号外圆精加工刀,确定其坐标系）
N15	G00 G42 X70 Z3	（到精加工始点,加入刀尖圆弧半径补偿）
N16	G01 X10 F100	（精加工轮廓开始,到倒角延长线处）
N17	X19.95 Z – 2	（精加工倒角 2×45°）
N18	Z – 33	（精加工螺纹外径）
N19	G01 X30	（精加工 Z33 处端面）
N20	Z – 43	（精加工 φ30 外圆）
N21	G03 X42 Z – 49 R6	（精加工 R6 圆弧）
N22	G01 Z – 53	（精加工 φ42 圆）
N23	X36 Z – 65	（精加工锥面）
N24	Z – 73	（精加工 φ36 槽）
N25	G02 X40 Z – 75 R2	（精加工 R2 过渡圆弧）
N26	G01 X44	（精加工 Z75 处端面）
N27	X46 Z – 76	（精加工倒角 1×45°）
N28	Z – 84	（精加工 φ46 槽径）
N29	G02 Z – 113 R25	（精加工 R25 圆弧凹槽）
N30	G03 X52 Z – 122 R15	（精加工 R15 圆弧）
N31	G01 Z – 133	（精加工 φ52 外圆）
N32	G01 X54	（退出已加工表面,精加工轮廓结束）

N33	G00 G40 X100 Z80	（取消半径补偿,返回换刀点位置）
N34	M05	（主轴停）
N35	T0404	（换 4 号螺纹刀,确定其坐标系）
N36	M03 S200	（主轴以 200 r/min 正转）
N37	G00 X30 Z5	（到简单螺纹循环起点位置）
N38	G82 X19.3 Z-20 R-3 E1 C3 P120 F3	（加工三头螺纹,吃刀深0.7）
N39	G82 X18.9 Z-20 R-3 E1 C3 P120 F3	（加工三头螺纹,吃刀深0.4）
N40	G82 X18.7 Z-20 R-3 E1 C3 P120 F3	（加工三头螺纹,吃刀深0.2）
N41	G82 X18.7 Z-20 R-3 E1 C3 P120 F3	（光整加工螺纹）
N42	G76 C2 R-3 E1 A60 X18.7 Z-20 K0.65 U0.1 V0.1 Q0.6 P240 F3	
		（螺纹车削复合循环）
N43	G00 X100 Z80	（返回程序起点位置）
N44	M30	（主轴停,主程序结束并复位）

第7章 铣　　削

实习目的及要求

　1. 了解铣削加工的基本知识。

　2. 熟悉万能卧式铣床的主要组成部分名称、运动及其作用。

　3. 了解数控铣床加工中心的结构及工作特点。

　4. 了解常用铣床附件(分度头、转台、立铣头)的功用。

　5. 了解平面、斜面、沟槽的铣削加工。

　6. 了解常用齿形加工方法。

　7. 掌握铣削加工工序的制订。

7.1　铣削加工概述

　　在铣床上用铣刀对工件进行切削加工的过程称为铣削。铣削可用来加工平面、台阶、斜面、沟槽、成形表面、齿轮和切断等。还可以进行钻孔和镗孔加工。铣削加工的尺寸公差等级一般可达工 IT9 ~ IT7,表面结构值一般为 Ra 6.3 ~ 1.6 μm。铣刀是旋转使用的多齿刀具。铣削时,每个刀齿间歇地进行切削,刀刃的散热条件好,可以采用较大的切削用量,是一种高生产率的加工方法。铣削特别适用于加工平面和沟槽。

7.2　铣削运动和铣削用量

7.2.1　铣削运动

　　图 7-1 所示为铣床上常见的铣削方式。由图可知,不论哪一种铣削方式,完成铣削过程时必须具有以下运动:①铣刀的高速旋转——主运动;②工件随工作台缓慢的直线移动——进给运动,该进给运动可分为垂直、横向和纵向运动。

7.2.2　铣削用量

　　铣削时的铣削用量由铣削速度 v_c、进给量 f、背吃刀量(又称铣削深度)a_p 和侧吃刀量(又称铣削宽度)a_e 四要素组成。

　　1. 铣削速度

　　铣削速度即铣刀最大直径处的线速度,可由下式计算

$$v_c = \pi d_0 n / 1\ 000 \quad (\text{m/min})$$

式中:d_0——铣刀直径,mm;

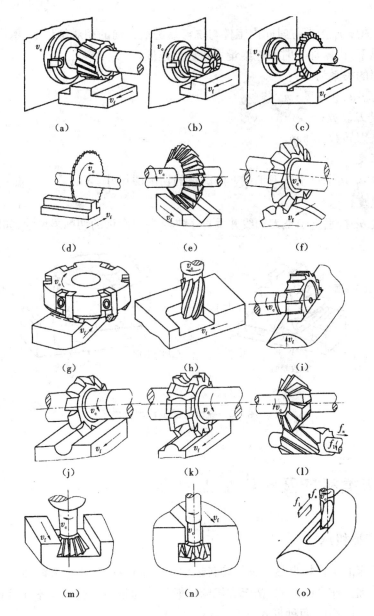

图 7-1 常见铣削工作

(a)圆柱形铣刀铣平面;(b)套式立铣刀铣台阶面;(c)三面刃铣刀铣直角槽;(d)锯齿铣刀切断;
(e)角度铣刀铣 V 形槽;(f)齿轮铣刀铣齿轮;(g)端铣刀铣平面;(h)立铣刀铣凹平面;
(i)半圆键槽铣刀铣半圆槽;(j)凸半圆铣刀铣凹圆弧面;(k)凹半圆铣刀铣凸圆弧面;
(l)角度铣刀铣螺旋槽;(m)燕尾槽铣刀铣燕尾槽;(n)T 形铣刀铣 T 形槽;(o)键槽铣刀铣键槽

n——铣刀转速,r/min。

2. 进给量

进给量指工件相对铣刀移动的距离,分别用三种方法表示:f、f_z、v_f。

(1)每转进给量 f 指铣刀每转动一周,工件与铣刀的相对位移量,单位为 mm/r;

(2)每齿进给量 f_z 指铣刀每转过一个刀齿,工件与铣刀沿进给方向的相对位移量,单位为 mm/齿；

（3）进给速度 v_f 指单位时间内工件与铣刀沿进给方向的相对位移量，单位为 mm/min。通常情况下，铣床加工时的进给量均指进给速度。

三者之间的关系为

$$v_f = f \cdot n = f_z \cdot Z \cdot n$$

式中：Z——铣刀齿数；

$\quad n$——铣刀转数，r/min。

3. 铣削深度

铣削深度 a_p 指平行于铣刀轴线方向测量的切削层尺寸。

4. 铣削宽度

铣削宽度 a_e 指垂直于铣刀轴线并垂直于进给方向度量的切削层尺寸，如图 7-2 所示。

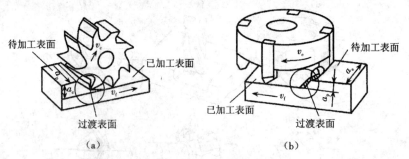

图 7-2　铣削方式及铣削要素

（a）周铣；（b）端铣

7.3　铣床类机床及铣镗加工中心

7.3.1　铣床类机床

铣床类机床的工作特点是刀具作旋转运动——主运动，工件作直线移动——进给运动。根据刀具位置和工作台的结构，铣床类机床一般可分为带刀旋转轴水平布置（卧式）和带刀旋转轴垂直布置（立式）两种形式。

1. 卧式铣床

图 7-3 所示为 X6125 万能卧式铣床，是一种常见的带刀旋转轴水平布置的铣床。其工作台分为三层，分别为纵向工作台、横溜板和转台。在纵向工作台上安放工件，它可沿着横溜板上的导轨作纵向移动。横溜板则安装在转台上，可绕轴在水平方向作 ±45°旋转。转台安放在升降台上，可沿着横向导轨使转台横溜板和纵向工作台作横向移动，故将它称为万能卧式铣床。

X6125 卧式铣床的编号中，"X"表示铣床类，"6"表示卧式铣床，"1"表示万能升降台铣床，"25"表示工作台宽度的 1/10，即此型号铣床工作台宽度为 250 mm。

X6125 卧式铣床主要由床身、主轴、横梁、纵向工作台、转台、横向工作台和升降台等部

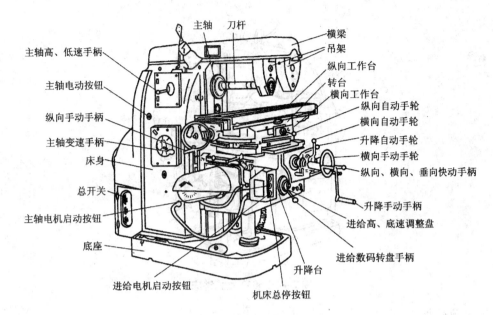

主轴高、低速手柄
主轴电动按钮
纵向手动手柄
主轴变速手柄
床身
总开关
主轴电机启动按钮
底座
进给电机启动按钮

主轴　刀杆
横梁
吊架
纵向工作台
转台
横向工作台
纵向自动手轮
横向自动手轮
升降自动手轮
横向手动手轮
纵向、横向、垂向快动手柄
升降手动手柄
进给高、底速调整盘
进给数码转盘手柄
升降台
机床总停按钮

图 7-3　X6125 万能卧式铣床

分组成。

1）主轴

主轴是空心的,前端有锥孔,可用来安装刀杆或刀具。

2）横梁

横梁用于支撑铣刀刀杆伸出的一端,以加强刀杆的刚度。

3）纵向工作台

可以在转台的导轨上作纵向移动,以带动安装在台面上的工件作纵向进给。

4）转台

可以使纵向工作台在水平面内扳转一个角度(沿顺时针或逆时针扳转的最大角度为45°)来铣削螺旋槽等。

5）横向工作台

用来带动纵向工作台一起作横向进给。

6）升降台

可沿床身导轨作垂直移动,用以调整工作台在垂直方向上的位置。

2. 立式铣床

立式升降台铣床简称立式铣床。图 7-4 所示为 X5032 立式铣床。

X5032 立式铣床的编号中,"X"为铣床,"5"为立式铣床,"0"为立式升降台铣床,"32"为工作台面宽度的 1/10,即此型号铣床工作台面宽度为 320 mm。

立式铣床与卧式铣床的主要区别是其主轴与工作台面垂直,铣刀安装在主轴上,由主轴带动作旋转运动,工作台带动零件作纵向、横向、垂直方向移动。

根据加工的需要,可以将铣头(包括主轴)左、右倾斜一定角度,以便加工斜面等。

立式铣床生产率比较高,可以利用立铣刀或面铣刀加工平面、台阶、斜面和键槽,还可加工内外圆弧、T 形槽及凸轮等。

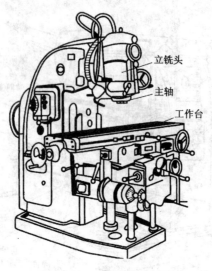

图 7-4　X5032 立式铣床

3. 其他铣床

　　此外,按加工要求不同尚有双端面铣床(见图 7-5)和龙门铣床(见图 7-6)等。这类铣床一般由一个以上旋转刀轴组成。每一个刀轴有独立的转动部件,称为铣头。双端面铣床上具有两个水平轴的铣头,工件只作前后移动,铣头可独立上下移动,主轴除旋转外尚可作轴向移动。龙门铣床上有四个铣头:两个铣头垂直,两个铣头水平,都由独立的电动机带动。龙门铣床一般用来加工大型零件。

图 7-5　双端面铣床

图 7-6　龙门铣床

7.3.2　铣镗加工中心

　　和数控车床一样,目前数控铣床也获得了广泛的应用。如果用微机来控制铣床主轴的旋转运动和工作台的进给运动,即称为 CNC 铣床,又称计算机控制的数控铣床。它可承担多数中小型零件的铣削或复杂型面的加工。随着加工技术的发展,在数控铣床的基础上发展了铣镗加工中心,其特点是除了能完成数控铣床上的铣削工作外,尚可进行镗、钻、铰、攻丝等综合加工,并配有自动刀具交换系统(ATC)、自动工作台交换系统(APC)、工作台自动分度系统等,在一次工件装夹中可以自动更换刀具进行铣、钻、铰、攻丝、镗等多工序操作。

7.3.3 铣刀及其安装

铣刀实质上是由几把单刃刀具组成的多刃刀具,它的刀齿分布在圆柱铣刀的外回转表面或端铣刀的端面上。根据结构的不同,铣刀可以分为带孔铣刀和带柄铣刀。

1. 带孔铣刀

带孔铣刀多用于卧式铣床。常用的带孔铣刀有圆柱铣刀、三面刃铣刀、锯片铣刀、角度铣刀和半圆弧铣刀等,如图 7-7 所示。带孔铣刀常用长刀杆安装,如图 7-8 所示。安装时,铣刀尽可能靠近主轴或吊架,使铣刀有足够的刚度。安装好铣刀后,在拧紧刀轴压紧螺母之前,必须先装好吊架,以防刀杆弯曲变形。

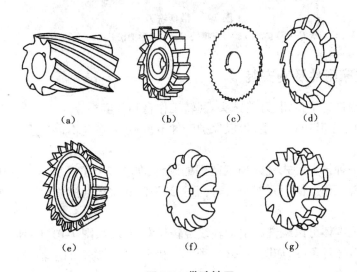

图 7-7 带孔铣刀

(a)圆柱铣刀;(b)三面刃铣刀;(c)锯片铣刀;(d)盘状模数铣刀;
(e)角度铣刀;(f)凸半圆铣刀;(g)凹半圆铣刀

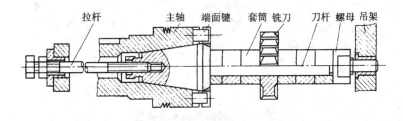

图 7-8 带孔铣刀安装

2. 带柄铣刀

带柄铣刀多用于立式铣床,有的也可用于卧式铣床。常用的带柄铣刀有镶齿端铣刀、立铣刀、键槽铣刀、T 形槽铣刀和燕尾槽铣刀等,如图 7-9 所示。

带柄铣刀按照其直径的大小有锥柄和直柄两种。其中,图 7-9(a)所示为锥柄铣刀,安装时需先选用合适的过渡锥套,再用拉杆将铣刀及过渡锥套一起拉紧在主轴端部的锥孔内;图 7-9(b)所示为直柄铣刀,这类铣刀的直径一般不大,多用弹簧夹头进行安装。

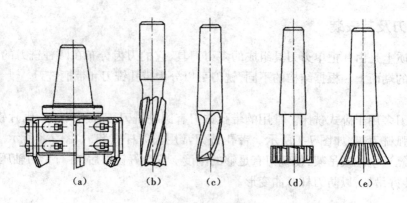

图7-9　带柄铣刀

(a)端铣刀;(b)立铣刀;(c)键槽铣刀;(d)T形槽铣刀;(e)燕尾槽铣刀

7.3.4　常见铣床附件及其安装

铣床的主要附件有平口钳、万能铣头、回转工作台和分度头等。其中平口钳和钳工用的台虎钳类似,区别在于其钳口平整,可以保护工件不被夹伤,在此不再赘述。

1.万能铣头

万能铣头是一种扩大卧式铣床加工范围的附件,如图7-10(a)所示。利用它可以在卧式铣床上进行立铣工作。使用万能铣头时,需先卸下卧式铣床的横梁和刀杆,然后再装上万能铣头。

由于铣头的大本体可以绕铣床主轴轴线旋转任意角度,如图7-10(b)所示,而小本体还能在大本体上偏转任意角度,如图7-10(c)所示。因此,万能铣头的主轴可在空间内偏转成任意所需的角度。

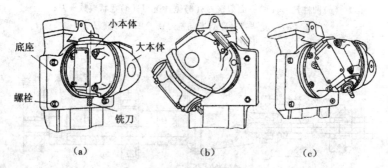

图7-10　万能铣头及其调整

(a)外形;(b)大本体可绕主轴旋转;(c)小本体可绕大本体旋转

2.回转工作台

回转工作台又称转盘、圆形工作台或平分盘等,如图7-11所示。回转工作台主要用于分度以及铣削带圆弧曲线的外表面和带圆弧沟槽的工件。

当用回转工作台铣圆弧槽时,工件用平口钳或三爪自动定心卡盘安装在回转工作台上。安装工件时必须先找正,使工件上圆弧槽的中心和回转工作台的中心重合。铣削时,铣刀旋转,然后手动(或自动)均匀缓慢地转动回转工作台,即可在工件上铣出圆弧槽,如图7-11所示。

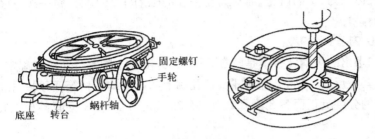

图 7-11 回转工作台及其使用

3. 万能分度头及分度方法

万能分度头是铣床的重要附件。

图 7-12 所示为万能分度头外形。利用分度头可把工件的圆周作任意角度的分度,以便铣削四方、六方、齿槽及花键键槽等工件。在铣完一个面或一个沟槽后,需要将工件转过一定角度,此过程称为"分度"。

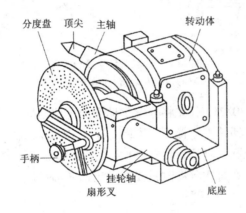

图 7-12 万能分度头外形

分度头主轴前端锥孔可安装顶尖,用来支撑工件;主轴外部有螺纹,可以安装卡盘和拨盘来装夹工件。分度头转动体可使主轴在垂直平面内转动一定角度,以便铣削斜面或垂直面。

分度头侧面配有分度盘,在分度盘不同直径的圆周上钻出不同数目的等分孔,以便进行分度。

分度头内部的传动系统如图 7-13(a)所示。转动手柄,通过一对传动比为 1:1 的直齿圆柱齿轮和一对传动比为 1:40 的蜗杆蜗轮传动,使分度头主轴带动工件转动一定角度。手柄转一圈,主轴带动工件转 1/40 圈。

如果要将工件的圆周 Z 等分,则每次分度工件应转过 $1/Z$ 圈。设每次分度手柄的转数为 n,则手柄转数 n 与工件等分数 Z 之间有如下关系:

$$1:40 = \frac{1}{Z}:n$$

得 $n = 40/Z$。

例如,要铣齿数为 21 的齿轮,需对齿轮毛坯的圆周作 21 等分,每一次分度时,手柄转数为

$$n = 40/21 = 1 + 19/21$$

分度时,如求出的手柄转数不是整数,可利用分度盘上的等分孔距来确定。分度盘如图 7-13(b)所示,其正反面各钻有许多孔圈,各孔圈上的孔数均不相等,而同一孔圈上的孔距是相等的。常用的分度盘正面各孔圈孔数为 24、25、28、30、34、37;反面各孔圈孔数为 38、39、41、42、43。

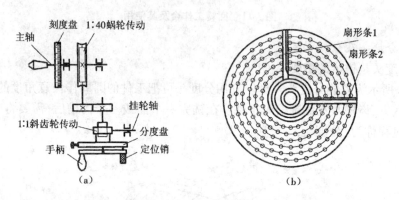

主轴　刻度盘　1:40蜗轮传动
扇形条1
扇形条2
挂轮轴
1:1斜齿轮传动
分度盘
手柄
定位销
(a)　(b)

图 7-13　分度头传动及分度盘
(a)内部传动原理;(b)分度盘

例如,要将手柄转动 40/21 圈,先将分度手柄上的定位销拔出,调到孔数为 21 的倍数的孔圈(即孔数为 42)上,手柄转 1 整圈后,再继续转过 19 × 2 = 38 个孔距,即完成第一次分度。为减少每次分度时数孔的麻烦,可调整分度盘上的扇形叉(也叫扇形条)1 和 2 间的夹角,形成固定的孔间距数,在每次分度时只要拨动扇形条即可准确分度。

7.4　铣削工作

铣床的工作范围很广,常见的铣削工作有铣平面、铣斜面、铣沟槽、铣成形面,钻孔以及铣螺旋槽等,如图 7-1 所示。

7.4.1　铣平面

1. 用端铣刀铣平面

目前铣削平面的工作多采用镶齿端铣刀在立式铣床或卧式铣床上进行。由于端铣刀铣削时切削厚度变化小,同时进行切削的刀齿较多,因此切削较平稳。另外,端铣刀的柱面刃承受着主要的切削工作,而端面刃又有刮削作用,因此表面结构值较小。

2. 用圆柱铣刀铣平面

铣平面的圆柱形铣刀有两种,即直齿铣刀与螺旋齿铣刀,其结构形式又有整体式和镶齿式圆柱铣刀之分。用螺旋齿铣刀铣削时,同时参加切削的刀齿数较多,每个刀齿工作时都是沿螺旋线方向逐渐地切入和脱离工件表面,切削比较平稳。

铣平面所用刀具及方法较多,参见图 7-1。

7.4.2 铣斜面

具有斜面结构的工件很常见,铣削斜面的方法也很多,下面介绍常用的几种。

1. 使用倾斜垫铁铣斜面

在零件设计基准的下面垫一块倾斜的垫铁,则铣出的平面就与设计基准面成倾斜位置。改变倾斜垫铁的角度,即可加工不同角度的斜面,参见图 7-14。

2. 用万能铣头铣斜面

由于万能铣头能方便地改变刀轴的空间位置,因此我们可以转动铣头以使刀具相对工件倾斜一个角度来铣斜面,参见图 7-15。

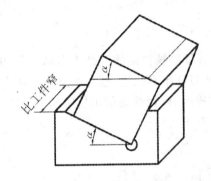

图 7-14　安装倾斜垫铁铣斜面

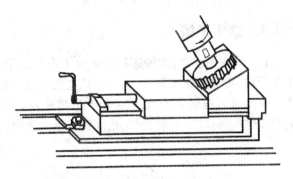

图 7-15　用万能铣头改变刀轴位置铣斜面

3. 利用分度头铣斜面

在一些圆柱形和特殊形状的零件上加工斜面时,可利用分度头将工件转到所需位置而铣出斜面,参见图 7-16。

4. 用角度铣刀铣斜面

较小的斜面可用合适的角度铣刀加工。当加工零件批量较大时,则常采用专用夹具铣斜面(参见图 7-1 中的铣键槽斜面、V 形槽斜面)。

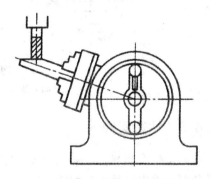

图 7-16　利用分度头倾斜安装铣斜面

7.4.3 铣沟槽

铣床能加工的沟槽种类很多,如直槽、角度槽、V 形槽、T 形槽、燕尾槽和键槽等。这里着重介绍键槽、T 形槽及燕尾槽的加工,其他的见图 7-1。

常见的键槽有封闭式和敞开式两种。对于封闭式键槽,单件生产一般在立式铣床上加工,当批量较大时,则常在键槽铣床上加工。在键槽铣床上加工时,利用抱钳(如图 7-17 所示)把工件卡紧后,再用键槽铣刀一薄层一薄层地铣削,直到符合要求为止。

若用立铣刀加工,由于立铣刀中央无切削刃,不能向下进刀。因此必须预先在槽的一端钻一个落刀孔,才能用立铣刀铣键槽。

对于敞开式键槽的加工,可在卧式铣床上进行,一般采用三面刃铣刀加工,见图 7-18。

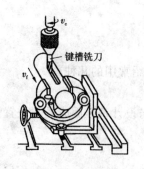

图 7-17 键槽铣刀铣键槽
（抱钳安装）

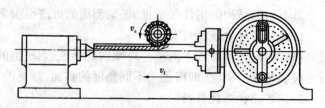

图 7-18 三面刃铣刀铣键槽

7.4.4 铣 T 形槽

T 形槽应用很多，如铣床和刨床的工作台上用来安放紧固螺栓的槽就是 T 形槽。要加工 T 形槽，首先用钳工划线，其次须用立铣刀或三面刃铣刀铣出直角槽，然后在立式铣床上用 T 形槽铣刀铣削 T 形槽，但由于 T 形槽铣刀工作时排屑困难，因此切削用量应选得小些，同时应多加冷却液，最后，再用角度铣刀铣出倒角（见图 7-19）。

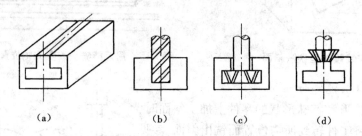

（a）   （b）   （c）   （d）

图 7-19 铣 T 形槽工艺
（a）划线；（b）铣直角槽；（c）铣 T 形槽；（d）倒角

7.4.5 铣燕尾槽

燕尾槽在机械上的使用也较多，如车床导轨、牛头刨床导轨等。燕尾槽的铣削和 T 形槽类似。首先也是钳工划线，其次须用立铣刀或三面刃铣刀铣出直角槽，最后用燕尾槽铣刀铣出燕尾槽，铣削时燕尾槽铣刀刚度弱，容易折断，因此切削用量应选得小些，同时应多加冷却液，经常清除切屑，参见图 7-20。

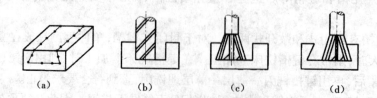

（a）   （b）   （c）   （d）

图 7-20 铣削燕尾槽工艺过程
（a）划线；（b）铣直槽；（c）铣左燕尾槽；（d）铣右燕尾槽

138

7.4.6 铣成形面

在铣床上常用成形铣刀加工成形面,图 7-1 中(f)、(j)、(k)为各种成形刀在铣削成形面。此外数控机床上通过 CAD/CAM 系统绘制三维零件后也可直接转为数控加工程序进行加工,如现代商业产品成形模具凹模、凸模等。图 7-21 所示为高速数控铣床正在铣削沙滩椅塑料成形凹模。

图 7-21　高速数控铣床正在铣削沙滩椅塑料成形凹模

7.4.7 铣螺旋槽

在铣削加工中常常会遇到铣削斜齿轮、麻花钻、螺旋铣刀的沟槽等,这类工作统称为铣螺旋槽。

铣床上铣螺旋槽与车螺纹的原理基本相同。铣削时,刀具作旋转运动;工件则一方面随工作台作匀速直线移动,同时又被分度头带动作等速旋转运动。要铣削出一定导程的螺旋槽必须保证当工件纵向进给一个导程时,工件刚好转过一圈。这一点可通过丝杠和分度头之间配换挂轮来实现,参见图 7-22。

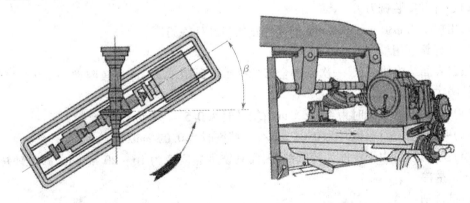

图 7-22　铣螺旋槽

7.5 典型铣削考核件工艺举例

7.5.1 四棱柱形工件的加工

四棱柱形工件的零件图样如图 7-23(b)所示,其由平行面和垂直面组成。选用毛坯为如图 7-23(a)所示的铸铁件,加工后各表面结构值 Ra 要求为 3.2 μm,各相邻表面互相垂直,相对表面平行,并有一定的尺寸精度要求。工件以 A 面为基准面,其铣削加工数量为 5 件。工件各边毛坯余量为 5 mm。

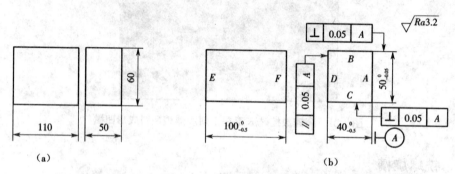

图 7-23 四棱柱(铣削考核件)
(a)毛坯;(b)零件图

铣削步骤如下。

1)工件装夹找正

用机用平口虎钳装夹工件,使虎钳底面与工作台面紧密贴合,并使固定钳口与工作台进给方向一致。

2)选择并安装铣刀

选用规格为 ϕ80 mm×80 mm 的高速钢粗齿圆柱铣刀。

3)选择铣削用量

根据表面结构的要求,一次铣去全部余量而达到 Ra 3.2 μm 比较困难,因此应采用粗铣和精铣两次完成。

(1)侧吃刀量:粗铣时为 4~4.5 mm;精铣时为 0.5~0.1 mm。

(2)每齿进给量:粗铣时为 0.01 mm/齿;精铣时为 0.05 mm/齿。

(3)铣削速度:由于工件为铸铁件,因而其铣削速度应为 16~20 m/min,即主轴转速为 75 r/min 左右。

4)试铣削

在铣平面时,先试铣一刀,然后测量铣削平面与基准面的尺寸和平行度,以及与侧面的垂直度。

5)铣削操作

四棱柱铣削的具体操作如表 7-1 所示。

表7-1 四棱柱铣削工艺卡片

序号	工步名称	内 容	加工简图	备 注
1	铣A面	工件以B面为粗基准,并靠向固定钳口,在虎钳导轨上垫平行垫铁,在活动钳口处放置圆棒,加工基准面A,要求A面有较好的平面度和表面结构	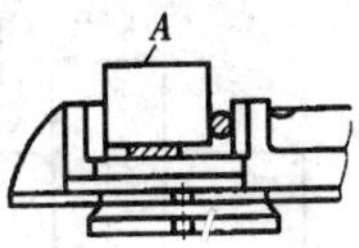	
2	铣B、C面	以A面为定位基准面铣削B、C面。铣削时,将A面与固定钳口贴紧,在机用虎钳导轨面上放置圆棒夹紧工件	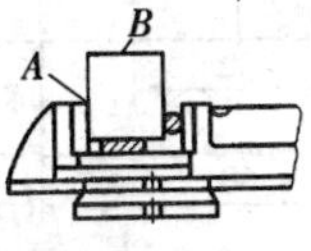 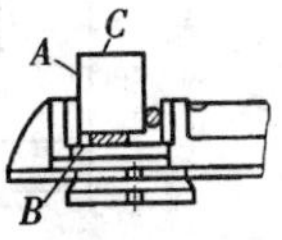	
3	铣D面	将各表面擦干净,使A面与虎钳导轨上的平行铁贴紧,并保证定位基准面与铣床工作台台面的平行度。装夹使用铜棒或木锤轻敲工件D面,以使A面与垫铁贴合良好。 在铣削C、D面时,应保证其与相对面的尺寸公差,尤其精铣时更应重视	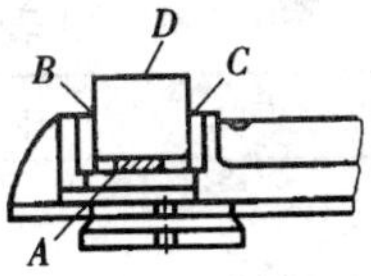	
4	铣E面	将工件A面与固定钳口贴合,轻轻夹紧工件,然后用直角尺找正B面,夹紧工件,进行铣削	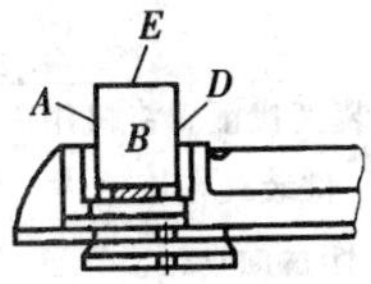 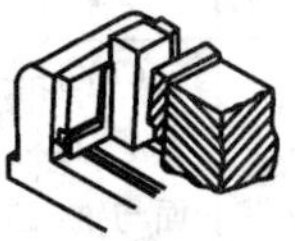	
5	铣F面	装夹方法和注意问题与铣E面相同,此外,还要保证E、F面间的尺寸精度。	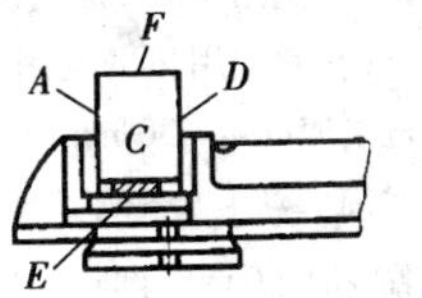	
6	检验	(1)以A面为基准,其相邻的B、C两面与A面的垂直度误差应控制在0.05 mm以内。 (2)以A面为基准,与其相平行的D面之间的平行度误差应控制在0.05 mm以内。 (3)各相对表面间的尺寸精度在规定范围内。 (4)各表面的表面结构值Ra应在3.2 μm以内		

7.5.2 T形槽的加工

T形槽零件铣削图如图7-24所示,从零件图样可知,零件的外形尺寸为80 mm×60 mm ×70 mm,T形槽的总深度为36 mm,直角沟槽的宽度为18 mm,T形槽槽底尺寸为宽32 mm、高14 mm,T形槽对零件中心线的对称度偏差不大于0.15 mm,槽口倒角尺寸为C1.6,零件

各表面结构值 Ra 要求为 $6.3~\mu m$。T 形槽铣削的具体操作如表 7-2 所示。

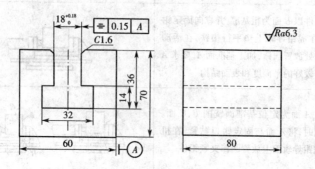

图 7-24　T 形槽(铣削考核件)

表 7-2　T 形槽铣削工艺卡片

序 号	工步名称	内 容	简 图	备 注
1	划线	在毛坯上画出粗铣零件各表面轮廓线以及对称槽宽度		
2	直角沟槽铣削	(1)工件装夹找正。将机用虎钳安放在铣床工作台上,再将工件装夹在虎钳内,找正工件,使其上表面与铣床工作台面平行。 (2)选用 $\phi18$ mm 立铣刀或键槽铣刀并安装。 (3)铣削用量的选用。主轴转速 $n = 250$ r/min,进给速度 $v_f = 30$ mm/min。 (4)铣刀位置的调整。根据对称槽宽度线的位置,将铣刀调整到正确的铣削位置,紧固横向工作台的位置。 (5)吃刀量的调整。本工序应分两次进给完成,首先铣出 22 mm 深度,然后在此基础上使操纵工作台垂向上升铣出 14 mm 深度		
3	T 形槽铣削	(1)选择并安装铣刀。根据图样所示的 T 形槽的尺寸,选用直径 $D = 32$ mm、宽度 $L = 14$ mm、直柄尺寸与直角沟槽宽度 18 mm 相等的直柄铣刀。 (2)铣削用量的选用。主轴转速 $n = 118$ r/min,进给速度 $v_f = 23.5$ mm/min。 (3)吃刀量的调整。因直角沟槽铣削完成后,横向进给工作台紧固未动,故不需要对刀。此时只需要根据图样标示的尺寸,调整吃刀量即可进行铣削。铣削开始先用手动进给,待铣刀有一半以上切入工件后,改为机动进给		

序 号	工步名称	内 容	简 图	备 注
4	槽口倒角	(1)选择并安装铣刀。根据图样所示槽口的尺寸,选用直径 $D = 25$ mm、角度45°的反燕尾槽铣刀。 (2)铣削用量的选用。主轴转速 $n = 235$ r/min,进给速度 $v_f = 47.5$ mm/min。 (3)吃刀量的调整。因横向进给工作台紧固未动,故仍不需要对刀。此时只需要根据图样标示的尺寸,可适当加大进给速度并调整吃刀量进行铣削		
5	去毛刺	对各棱角用小锉去毛刺		
6	检测	按照零件图技术要求及尺寸精度检验		

第8章 刨 削

实习目的及要求

1. 了解刨削加工的基本知识。
2. 了解牛头刨床的组成,熟悉牛头刨床的调整。
3. 了解刨刀的结构特点及装夹方法。
4. 掌握在牛头刨床上刨水平面、垂直面、斜面及沟槽的操作方法。
5. 了解拉削加工的特点及应用。
6. 掌握刨削加工工序的制订。

刨工实习安全技术要求

1. 工作时要穿好工作服,长发压入帽内,以防发生人身危险。
2. 多人共用一台刨床,只能一人操作,严禁两人同时操作。
3. 工作台和滑枕的调整不能超过极限位置,以防发生人身和设备事故。
4. 开动刨床后,滑枕前禁止站人,以防发生人身危险。

8.1 刨削加工概述

用刨刀对工件作水平直线往复运动的切削加工称为刨削。刨床主要用来加工零件上的平面(水平面、垂直面、斜面等)、各种沟槽(直槽、T 形槽、V 形槽、燕尾槽等)及直线形曲面。刨削加工零件尺寸精度可达到 IT9 ~ IT8 级,表面结构值 Ra 可达到 3.2 ~ 1.6 μm,和铣削、车削达到的精度、表面结构差不多。

刨削的基本工作范围如图 8-1 所示,在刨床上加工的典型零件如图 8-2 所示。

在牛头刨床上刨水平面时,刀具的直线往复运动为主运动,工件的间歇移动为进给运动,此时的切削量如图 8-3 所示。刨削切削用量包括刨削速度、进给量和背吃刀量。

刨削速度($v_c = \dfrac{2Ln}{1\,000 \times 60}$)是指主运动的平均速度,单位是 m/s。

进给量 f 是指主运动往复运动一次工件沿进给方向移动的距离,单位为 mm/次。

背吃刀量 a_p 是工件已加工表面和待加工表面之间的垂直距离,单位为 mm。

由于刨削的切削速度低,并且只是单刃切削,返回行程不工作,所以除刨削狭长平面(如床身导轨面)外,生产效率均较低。但因刨削使用的刀具简单,加工调整方便、灵活,故广泛用于单件生产、修配及狭长平面的加工。

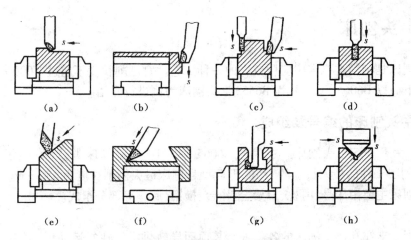

图 8-1 刨削的基本工作范围

(a)刨平面;(b)刨垂直面;(c)刨台阶;(d)刨直角沟槽;

(e)刨斜面;(f)刨燕尾槽;(g)刨 T 形槽;(h)刨 V 形槽

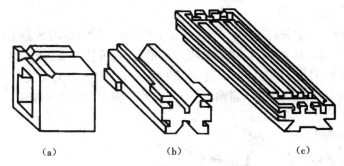

图 8-2 刨削加工典型零件

(a)方箱;(b)导轨;(c)T 形槽工作台

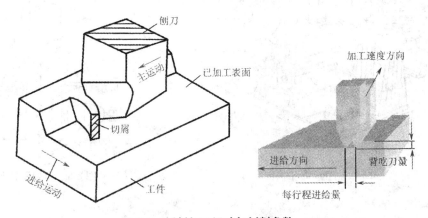

图 8-3 刨削加工运动与刨削参数

8.2 牛头刨床

牛头刨床是刨削类机床中应用较广的一种。它适宜刨削长度不超过 1 000 mm 的中、小型工件。下面以 B6065(旧编号为 B665)牛头刨床为例进行介绍。

8.2.1 牛头刨床的编号及组成

图 8-4 为 B6065 牛头刨床。在编号 B6065 中,"B"表示刨床类,"60"表示牛头刨床,"65"表示刨削工件的最大长度的 1/10,即此型号刨床最大刨削长度为 650 mm。

牛头刨床主要由床身、滑枕、刀架、工作台、横梁、底座等部分组成。

1. 床身

床身用于支撑和连接刨床的各部件。其顶面导轨供滑枕往复运动用,侧面导轨供工作台升降用。床身的内部装有传动机构。

2. 滑枕

滑枕主要用于带动刨刀作直线往复运动(即主运动),其前端装有刀架。

3. 刀架

刀架(见图 8-5)用于夹持刨刀。摇动刀架手柄时,滑板便可沿转盘上的导轨带动刨刀上下移动。松开转盘上的螺母,将转盘扳转一定角度后,可使刀架斜向进给。滑板上还装有可偏转的刀座(又称刀盒、刀箱)。刀座上装有抬刀板,刨刀随刀夹安装在抬刀板上,在刨刀的返回行程中,刨刀随抬刀板绕 A 轴向上抬起,以减小刨刀与工件的摩擦。

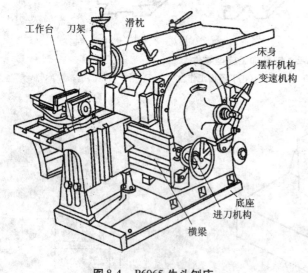

图 8-4　B6065 牛头刨床

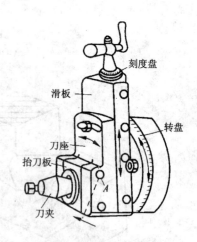

图 8-5　刀架及其调整

4. 工作台

工作台用于安装工件,它可随横梁作上下调整,并可沿横梁作水平方向移动或作进给运动。

8.2.2　牛头刨床传动系统

1. 摇臂机构

摇臂机构是牛头刨床的主运动机构,其作用是使电动机的旋转运动变为滑枕的直线往复运动,带动刨刀进行刨削。在图8-6及图8-7中,传动齿轮1带动摇臂齿轮转动,固定在摇臂上的滑块可在摆杆的槽内滑动并带动摇臂前后摆动,从而带动滑枕作前后直线往复运动。

2. 进给机构

牛头刨床的工作台安装在横梁的水平导轨上,用来安装工件。依靠进给机构(棘轮机构),工作台可在水平方向作自动间歇进给。在图8-6和图8-8中,齿轮2与摇臂齿轮同轴旋转,齿轮2带动齿轮3转动,使固定于偏心槽内的连杆摆动拨杆,拨动棘轮,实现工作台横向进给。

3. 减速机构

电机通过皮带、滑移齿轮、摇臂齿轮减速,如图8-6所示。

8.2.3　牛头刨床的调整

1. 主运动的调整

刨削时的主运动应根据工件的尺寸大小和加工要求进行调整。

1)滑枕每分钟往返次数的调整

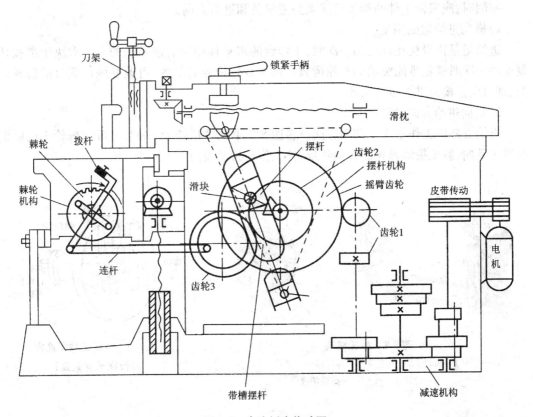

图 8-6　牛头刨床传动图

147

调整方法:如图 8-6,将变速手柄置于不同位置,即可改变变速箱中滑动齿轮的位置,可使滑枕获得 12.5～73 次/min 之间 6 种不同的双行程数。

2)滑枕起始位置调整

调整要求:滑枕起始位置应和工作台上工件的装夹位置相适应。

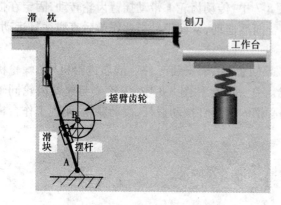

图 8-7　刨床摇臂机构示意图

调整方法:如图 8-7 所示,先松开滑枕上的锁紧手柄,用方孔摇把转动滑枕上调节锥齿轮 A、B 上面的调整方榫,通过滑枕内的锥齿轮使丝杠转动,带动滑枕向前或向后移动,改变起始位置,调好后,扳紧锁紧手柄即可。

3)滑枕行程长度的调整

调整要求:滑枕行程长度应略大于工件加工表面的刨削长度。

调整方法:如图 8-9 所示,松开行程长度调整方榫上的螺母,转动方榫,通过一对锥齿轮相互啮合运动使丝杠转动,带动滑块向摆杆齿轮中心内外移动,使摆杆摆动角度减小或增大,调整滑枕行程长度。

2.进给运动的调整

刨削时,应根据工件的加工要求调整进给量和进给方向。

1)横向进给量的调整

进给量是指滑枕往复运动一次时,工作台的水平移动量。进给量的大小取决于滑枕往复运动一次时棘轮爪能拨动的棘轮齿数。调整棘轮护盖的位置,可改变棘爪拨过的棘轮齿数,即可调整横向进给量的大小。

2)横向进给方向的变换

进给方向即工作台水平移动方向。将图 8-8 中棘轮爪转动 180°,即可使棘轮爪的斜面与原来反向,棘爪拨动棘轮的方向相反,使工作台移动换向。

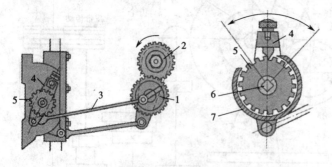

图 8-8　棘轮机构

1—齿轮 3;2—齿轮 2;3—连杆;4—棘爪;
5—棘轮;6—丝杠;7—棘轮护盖

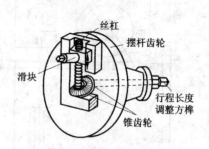

图 8-9　滑块结构示意图
(行程长度调整)

8.3　其他刨削机床

在刨削类机床中,除了牛头刨床外,还有龙门刨床、插床和拉床等。

8.3.1　龙门刨床

龙门刨床因有一个"龙门"式的框架结构而得名。图 8-10 为 B2010A 龙门刨床。在编号 B2010A 中,"B"表示刨床类,"20"表示龙门刨床,"10"表示最大刨削宽度的 1/100(和牛头刨床不同),即此型号龙门刨床最大刨削宽度为 1 000 mm;"A"表示机床结构经过一次重大改进。

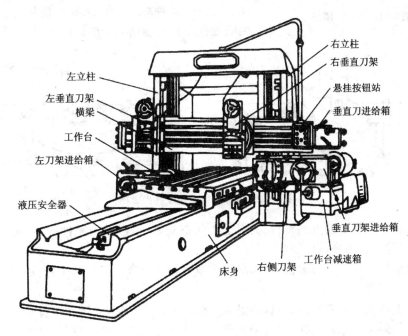

图 8-10　B2010A 龙门刨床

龙门刨床主要由床身、立柱、横梁、工作台、两个垂直刀架、两个侧刀架等组成。加工时,工件装在工作台上,工作台沿床身导轨作直线往复运动,即主运动;横梁上的垂直刀架和立柱上的侧刀架都作垂直或水平的间歇进给。垂直刀架还可转动一定的角度以加工斜面,横梁可沿立柱上下移动,以适应不同高度表面的加工。

龙门刨床上有一套复杂的电气控制系统,以方便龙门刨床的各种操作和调整。

工作台的运动可实现无级变速,以防止切入时冲击刨刀。

龙门刨床主要用于加工大型零件上的大平面或长而窄的平面,也常用于同时加工多个中小型零件的平面。龙门刨的主运动是工件的往复直线运动,进给运动是刀具的间歇移动。

8.3.2　插床

插床又叫立式刨床,其滑枕是竖直放置的。图 8-11 所示为 B5020 插床。在编号 B5020 中,"B"表示刨床类,"50"表示插床,"20"表示最大插削长度的1/10,即此型号插床最大插

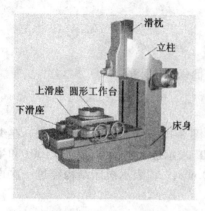

图 8-11　B5020 插床

削长度为 200 mm。

插削加工时,插刀安装在滑枕的下面。它的结构原理与牛头刨床属于同一类型,只是在结构形式上略有区别,犹如滑枕垂直安装的牛头刨床。其主运动为滑枕的上下往复直线运动,进给运动为工作台带动工件作纵向、横向或圆周方向的间歇进给。工作台由下拖板、上拖板及圆工作台三部分组成。下拖板可作横向进给,上拖板可作纵向进给,圆工作台可带动工件回转。

插床的主要用途是加工工件的内部表面,如方孔、长方孔、各种多边形孔和孔内键槽等。在插床上插削方孔和孔内键槽的方法如图 8-12 所示。

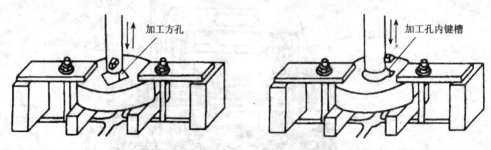

图 8-12　插床加工方孔及孔内键槽

插刀刀轴和滑枕运动方向重合,刀具受力状态较好,所以插刀刚性较好,可以做得小一点,因此可以伸入孔内进行加工。

插床上多用三爪自定心卡盘、四爪单动卡盘和插床分度头等安装工件,亦可用平口钳和压板螺栓安装工件。

在插床上加工孔内表面时,刀具须进入工件的孔内进行插削,因此工件的加工部分必须事先有孔。如果工件原来无孔,就必须先钻一个足够大的孔,才能进行插削加工。

插床与刨床一样,生产效率低,而且要有较熟练的技术工人才能加工出要求较高的零件,所以插床多用于工具车间、修理车间及单件小批生产的车间。主要用于单件、小批量生产中加工直线形的内成形面,如方孔、长方孔、各种多边形孔及孔内键槽等。

8.3.3　拉床

拉床结构简单,拉削加工的核心是拉刀。图 8-13 是平面拉刀局部刀齿形状示意图。可以看出,拉削从性质上看近似刨削。拉削时拉刀的直线移动为主运动,进给运动则是靠拉刀的结构来完成的。拉刀的切削部分由一系列的刀齿组成,这些刀齿由前到后逐一增高地排列。当拉刀相对工件作直线移动时,拉刀上的刀齿逐齿依次从工件上切下很薄的切削层,如

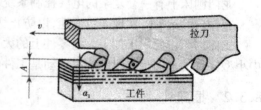

图 8-13　平面拉刀局部加工图

图 8-13 所示。当全部刀齿通过工件后,即完成了工件的加工。

拉削加工特点明显,优点如下。

(1)生产率高。

(2)加工精度高,表面结构值小。图 8-14 为圆孔拉刀外形示意图。如图所示,拉刀具有校准部分,可以校准尺寸,修光表面,因此拉削加工精度很高,表面结构值较小。

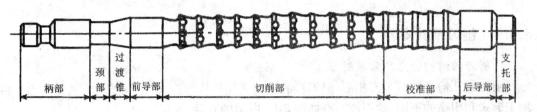

图 8-14　圆孔拉刀结构图

(3)加工范围广。有什么截面的拉刀就可以加工什么样的表面。图 8-15 为拉刀可以加工的各种零件表面截面图。

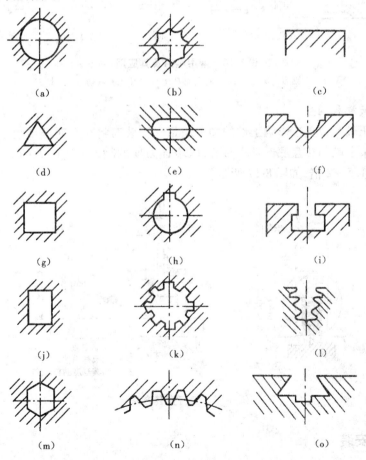

图 8-15　拉刀加工的各种典型表面

(a)圆孔;(b)异型孔;(c)平面;(d)三角孔;(e)椭圆孔;(f)半圆槽;(g)方孔;
(h)键槽;(i)T 形槽;(j)矩形孔;(k)花键孔;(l)异型槽;(m)六边形孔;(n)齿轮孔;(o)燕尾槽

（4）拉床结构和操作简单,缺点是拉刀价格昂贵。所以,拉削加工主要适于成批大量生产,尤其适用于大量生产中加工比较大的复合面,单件小批生产一般不用。但是,拉削不能加工盲孔、深孔、阶梯孔以及有障碍的外表面。

8.4　刨削加工

8.4.1　刨刀及其安装

1. 刨刀的结构特点及常用刨刀

刨刀的几何参数与车刀相似,但刀杆的横截面面积比车刀大,以承受较大的冲击力。按加工形式和用途的不同,常用刨刀有如图 8-16 所示的 6 种。

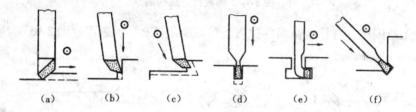

(a)　　　(b)　　　(c)　　　(d)　　　(e)　　　(f)

图 8-16　常用刨刀及其应用
(a)平面刨刀;(b)偏刀;(c)角度偏刀;(d)切刀;(e)弯切刀;(f)切刀

2. 刨刀的安装和调整

刨刀安装正确与否直接影响工件的加工质量。安装时将转盘对准零线,以便准确控制吃刀深度。刀架下端与转盘底部基本对齐,以增加刀架的刚度。直刨刀的伸出长度一般为刀杆厚度 H 的 1.5 ~ 2 倍,如图 8-17 所示。

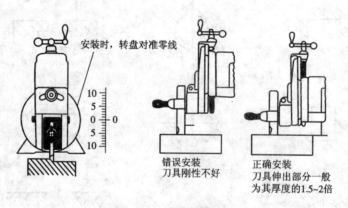

安装时,转盘对准零线

错误安装
刀具刚性不好

正确安装
刀具伸出部分一般
为其厚度的1.5~2倍

图 8-17　刨刀安装方法

8.4.2　工件安装

1. 平口钳安装

平口钳是一种通用夹具,经常用来安装小型工件。使用时先找正平口钳的钳口并固定在工作台上,然后再安装工件,常用划线找正安装工件的方法,如图 8-18 所示。

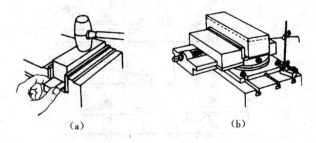

（a）　　　　　　　　　　（b）

图 8-18　平口钳安装工件

（a）用垫铁垫高工件；（b）按划线找正安装

安装时应注意以下几点。

（1）工件的被加工面要高于钳口,如果工件的高度不够,应用平行垫铁将工件垫高。

（2）为了保护钳口和已加工表面,安装工件时往往需要在钳口处垫上铜皮或铝皮。

（3）装夹工件时,应用手锤轻轻敲击工件使工件贴合垫铁。在敲击已加工过的表面时,应用铜锤或木锤。

2. 压板螺栓安装

有些工件较大或形状特殊,需要用压板螺栓和垫铁把工件直接固定在工作台上进行刨削。安装时先找正工件,具体安装方法如图 8-19 所示。

安装时应注意以下几点。

（1）压板的位置要安排得当,压点要靠近刨削面,压紧力大小要合适。粗加工时,压紧力要大,以防切削中工件移动;精加工时,压紧力要合适,注意防止工件变形。各种压紧方法的正、误比较如图 8-20 所示。

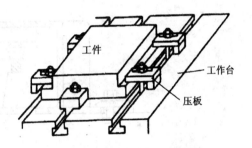

图 8-19　压板螺栓安装工件

（2）工件如果放在垫铁上,要检查工件与垫铁是否贴紧。若没有贴紧,必须垫上纸或铜皮,直到贴紧为止。

（3）压板必须压在垫铁处,以免工件因受夹紧力而变形。

（4）装夹薄壁工件时,可在其空心处用活动支撑或千斤顶等,以增加刚度,防止变形,如图 8-21 所示。

3. 夹具安装

对于特殊工件,可以借助简单夹具进行安装,如图 8-22 和图 8-23 所示。

8.4.3　刨削工作

1. 刨水平面

刨削水平面是最基本的一种刨削加工,其操作步骤如下。

（1）装夹工件。选择适当的方法装夹好工件。

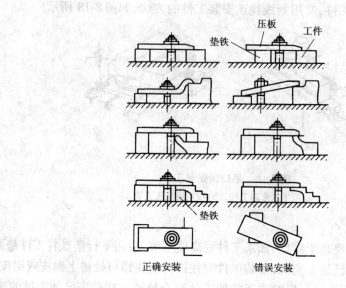

图 8-20　压板螺栓的正确使用

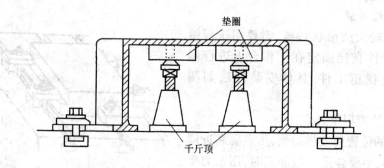

图 8-21　薄壁零件的安装方法

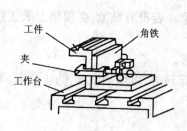

图 8-22　角铁安装工件

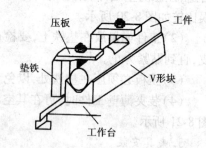

图 8-23　V 形块安装工件

（2）安装刨刀。粗刨时用尖头的平面刨刀，精刨时用圆头的平面刨刀，刀头伸出要短。

（3）调整机床。根据工件表面长度和安装位置，调整牛头刨床滑枕的行程长度及位置。

（4）选择合适的切削用量。根据工件的加工余量，切削深度应尽可能使工件在两次或三次走刀后就达到图样要求的尺寸。切削速度和进给量应根据工件材料的硬度、精度及刀具材料等因素确定。

（5）试刨。刨削 2~3 mm，然后进行测量和调整，合适后方可开始刨削。

2. 刨垂直面

刨垂直面如图 8-24 所示，其操作步骤如下。

（1）将刀架转盘刻度线对准零线，以保证垂直进给方向与工作台台面垂直。

（2）将刀座下端向着工件加工面偏转一定的角度（一般为 10°~15°），以便刨刀在回程时能抬离工件的加工面，以减少刨刀的磨损并避免划伤已加工表面。

（3）摇动刀架进给手柄，使刀架作垂直进给进行刨削。

3. 刨斜面

刨削斜面的方法有很多种，最常用的是正夹斜刨，如图 8-25 所示。其操作步骤如下。

（1）扳转刀架，使刀架转盘转过的角度与工件待加工斜面的角度相一致。

（2）将刀座下端向着工件加工面偏转一定的角度（一般为 10°~15°）。

（3）摇动刀架进给手柄，从上到下沿倾斜方向进给进行刨削。

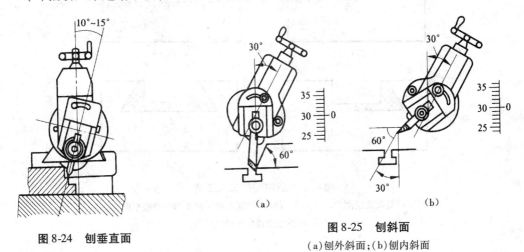

图 8-24　刨垂直面

图 8-25　刨斜面
（a）刨外斜面；（b）刨内斜面

4. 刨截面为矩形的四棱柱形工件

安装方法参见铣削一章考核件工艺，安装好后与刨削平面加工相同。

5. 刨 T 形槽

在加工 T 形槽之前，应保证材料表面已进行过粗加工，定位基准已经加工出来。具体加工步骤如下。

（1）在工件上划线，划出槽形状的加工线；

（2）安装好后，用切槽刀刨直槽，保证其宽度为 T 形槽口宽度，深度为 T 形槽深度，如图 8-26 所示。

（3）换弯切刀加工左右凹槽。

（4）用角度刀对槽口倒角。

6. 刨燕尾槽

燕尾槽在机械导轨部位应用较广，外形是两个对称的内斜面。其刨削方法是先刨削直槽，后刨削两个内斜面，需要专门的燕尾槽刨刀（包括一个左偏刀和一个右偏刀）。在零件其他表面已加工后，燕尾槽的加工工艺见图 8-27。

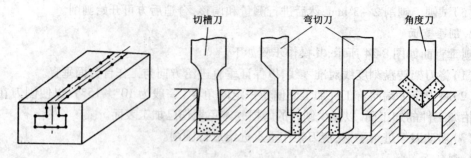

图 8-26　T 形槽划线及刨削

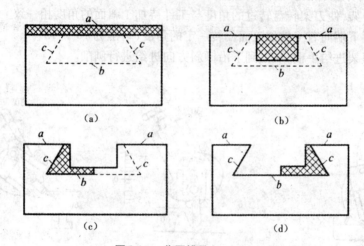

图 8-27　燕尾槽的加工工艺
(a)划线及刨削顶面；(b)刨直槽；(c)刨左燕尾槽及部分槽底平面；
(d)刨右燕尾槽及部分槽底平面

第9章 磨 削

实习目的及要求

1. 了解磨削加工的工艺特点及加工范围。
2. 了解磨床的种类及用途,掌握外圆磨床和平面磨床的操作方法。
3. 了解砂轮的特性、砂轮的选择和使用方法。
4. 掌握在外圆磨床及平面磨床上正确装夹工件的方法,完成磨外圆和磨平面的加工。

磨工实习安全技术要求

磨工实习安全技术与车工实习有许多相同之处,可参照执行,在操作过程中更应注意以下几点。

1. 操作者必须戴工作帽,长发压入帽内,以防发生人身危险。
2. 多人共用一台磨床时,只能一人操作,并注意他人安全。
3. 砂轮是在高速旋转下工作的,禁止面对砂轮站立。
4. 砂轮启动后,必须慢慢引向工件,严禁突然接触工件,背吃刀量也不能过大,以防背向力过大将工件顶飞而发生事故。
5. 用磁盘时应尽量吸大面积,必要时加垫铁,用垫铁要合适。启动时间为 1~2 min,工件吸牢后才能工作。

9.1 磨削加工概述

用砂轮对工件表面进行切削加工的方法称为磨削加工。它是零件精加工,加工精度可达 IT5~IT6,加工表面结构值 Ra 一般为 0.8~1.0 μm。

由于磨削的速度很高,产生大量的切削热,其温度高达 800~1 000 ℃。在这样的高温下,会使工件材料的性能改变而影响质量。为了减小摩擦和散热,降低磨削温度,及时冲走磨屑,以保证工件的表面质量,在磨削时常使用大量的切削液。

砂轮磨料的硬度很高,除了可以加工一般的金属材料,如碳钢、铸铁外,还可以加工一般刀具难以切削的硬度很高的材料,如淬火钢、硬质合金等。

磨削主要用于对零件的内外圆柱面、内外圆锥面、平面和成形表面(如螺纹、齿形、花键等)的精加工(见图 9-1)。

磨削时砂轮的旋转运动称为主运动,其他都称进给运动,进给运动最多可有三个。

如下四个运动参数为磨削用量三要素。

(1)砂轮圆周线速度 v_s:它表示磨削时主运动的速度,在计算时以 m/s 为单位,即

$$v_s = \pi d_s n_s / (1\ 000 \times 60) \quad (\text{m/s})$$

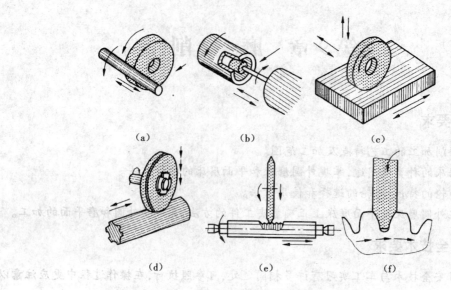

图 9-1　常见典型磨削工作
(a)外圆磨削;(b)内圆磨削;(c)平面磨削;(d)花键磨削;
(e)螺纹磨削;(f)齿形磨削

式中:d_s——砂轮直径,mm;

　　　n_s——砂轮转速,r/min。

(2)工件圆周线速度 v_w:它表示工件圆周进给速度,以 m/s 为单位,即

$$v_w = \pi d_w n_w / (1\,000 \times 60) \quad (\text{m/s})$$

式中:d_w——工件直径,mm;

　　　n_w——工件转速,r/min。

(3)纵向进给量 f_a:它是工件相对于砂轮沿轴向的移动量,以 mm/r 为单位。

(4)径向进给量 f_r:它是工件相对于砂轮沿径向的移动量,又称磨削深度 a_p,以 mm/双行程为单位。

磨削时可采用砂轮、油石、砂带、砂瓦等磨具进行加工。通常主要用砂轮,砂轮是由许多细小而且极硬的磨粒用结合剂黏结而成的。将砂轮表面放大,可以看到在砂轮表面上杂乱地布满很多尖棱多角的颗粒,即磨粒。这些锋利的磨粒就像刀刃一样,在砂轮的高速旋转下切入工件表面,所以磨削的实质就是一种多刃多刀的高速切削过程。

磨削加工与其他切削加工方法(如车削、铣削、刨削等)比较,具有以下特点。

(1)加工精度高,表面结构值小。磨削加工属于微刃切削,切削厚度极小,每一磨粒切削厚度仅为数微米,故可获得很高的加工精度和很低的表面结构值。

(2)加工范围广。由于磨粒的硬度极高,所以磨削加工不但可以加工如未淬火钢、灰铸铁等软材料,还可以加工淬火钢、各种切削刀具、硬质合金、陶瓷、玻璃等硬度很高或硬度极高的材料。

(3)磨削速度大,磨削温度高。一般磨削时,砂轮线速度为 30 ~ 35 m/s;高速磨削时线速度可达 50 ~ 100 m/s。故磨削过程中工件温度会很高,磨削点瞬间温度可达 1 000 ℃。为了避免工件表面性质发生改变,加工中必须加注大量切削液。

（4）磨削加工切深抗力（径向力）较大，易使工件发生变形，影响加工精度。如图 9-2 所示，车削或磨削细长轴时，因为工件用顶尖安装后，中间刚性较差，砂轮的径向力使工件弯曲并向后缩，致使中间实际切削深度较小，两端刚性较大，受径向力影响较小，实际切削深度较大，但恢复变形后，工件变成腰鼓形。该问题可以通过技术手段解决，如在精磨或最后光磨时，以小的或零切削深度加工，以切除零件因变形产生的弹性回复量，保障零件外形精度，参见图 9-2（该图是外圆车刀车外圆的情形，与磨削外圆时径向分力对工件影响原理相同），径向分力大使工件产生向后弯曲，从而使背吃刀量减小。图 9-3 所示为刀具脱离接触后工件回复变形，产生腰鼓状误差。

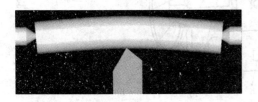 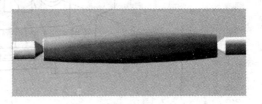

图 9-2　加工中大的径向力使工件变形　　图 9-3　加工后工件回复变形产生误差

磨削加工是机械制造中重要的加工工艺，广泛应用于各种零件的精密加工。随着精密加工工艺的发展以及磨削技术自身的进步，磨削加工在机械加工中的比重日益增加。

9.2　磨床

磨床的种类很多，常见的有外圆磨床、内圆磨床和平面磨床等。

9.2.1　外圆磨床

外圆磨床分为万能外圆磨床、普通外圆磨床和无心外圆磨床。其中，万能外圆磨床既可以磨削外圆柱面和圆锥面，又可以磨削圆柱孔和圆锥孔；普通外圆磨床可磨工件的外圆柱面和圆锥面；无心外圆磨床可磨小型外圆柱面。

1. 万能外圆磨床

图 9-4 所示为 M1420 万能外圆磨床，其中，"M" 表示磨床类，"1" 表示外圆磨床，"4" 表示万能外圆磨床，"20" 表示最大磨削直径的 1/10，即此型号磨床最大磨削直径为 200 mm。M1420 万能外圆磨床主要由床身、工作台、工件头架、尾架、砂轮架和砂轮整修器等部分组成，其各部分的主要作用如下。

1）床身

床身用于支撑和连接磨床各个部件。床身内部装有液压系统，上部有纵向和横向两组导轨以安装工作台和砂轮架。床身是一个箱形结构的铸件，床身前部作油池用，电器设备置于床身的右后部，油泵装置装在床身后部的壁上。床身前面及后面各铸有两圆孔，供搬运机床时插入钢钩用。床身底面有三个支撑螺钉，作调整机床的安装水平用。

2）工作台

工作台主要由上台面与下台面组成。上台面能作顺时针 5°、逆时针 9°回转，用以调整工件锥度。当上台面转动大于 6°时，砂轮架应相应转一定角度，以免尾架和砂轮架相碰。

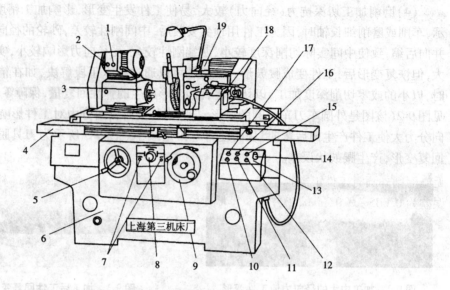

图 9-4　M1420 万能外圆磨床结构图

1—工件转动变速旋钮；2—工件转动点动按钮；3—工件头架；4—工作台；
5—工作台手动手轮；6—床身；7—工作台左、右端停留时间调整旋钮；
8—工作台自动及无级调速旋钮；9—砂轮横向手动手轮；10—砂轮启动按钮；
11—砂轮引进、工件转动、切削液泵启动旋钮；12—液压油泵启动按钮；
13—电器操纵板；14—砂轮变速旋钮；15—液压油泵停止按钮；
16—砂轮退出、工件停转、切削液泵停止按钮；17—总停按钮；18—尾架；
19—砂轮架

工作台的运动由油压缸驱动，动作平稳，低速无爬行。工作台的左右换向停留时间可以调整。

3）工件头架

工件头架由头架箱和头架底板组成，头架箱可绕头架底板上的轴回转，回转的角度可以从刻度牌上读出。头架主轴的转速分六挡，通过电机转速调整和变换三角带位置获得。头架可以安装三爪卡盘夹持工件磨削。

4）尾架

尾架套筒主轴孔采用莫氏 3 号锥孔，并配有手动进退和液压脚踏板控制进退两种方式，方便装卸工件。在磨削表面结构要求不高的外圆工件时，金刚钻笔可装在尾架上进行砂轮修整。

5）砂轮架

砂轮架上有一台双出轴电动机，它一端经多楔带与砂轮主轴连接，另一端经平皮带与内圆磨具主轴连接，但二者不能同时使用。砂轮架能回转，回转的角度可从刻度牌上读出，如要磨内孔时，只要将砂轮架转180°，把内圆磨具转到前面来即可。当磨内孔时，快进退功能不起作用，以避免意外事故，保护内磨具的安全。

本机床用于磨削圆柱形和圆锥形的外圆和内孔，也可磨削轴向端面。本机床的加工精度和磨削表面结构稳定地达到了有关外圆磨床的精度标准。本机床的工作台纵向移动方式有液动和手动两种，砂轮架和头架可转动，头架主轴可转动，砂轮架可实现微量进给。液压系统采用了性能良好的齿轮泵。机床误差较小,适用于工具、机修车间及中小批量生产的车间。

2.无心外圆磨床

无心磨床主要用于磨削大批量的细长轴及无中心孔的轴、套、销等零件,生产率高。图9-5 为无心外圆磨床的工作示意图。其特点是工件不需顶尖支撑,而是导轮、砂轮和托板支持(因此称为无心磨床)。砂轮担任磨削工作,导轮是用橡胶结合剂做成的,转速较砂轮低。工件在导轮摩擦力的带动下产生旋转运动,同时导轮轴线相对于工件轴线倾斜 $1° \sim 4°$,这样工件就能获得轴线进给量。在无心磨床上磨削工件时,被磨削的加工面即为定位面,因此无心磨削外圆时工件不需打中心孔,磨削内圆时也不必用夹头安装工件。无心磨削的圆度误差为 $0.005 \sim 0.01$ mm,工件表面粗糙度值 Ra 为 $0.1 \sim 0.25$ μm。

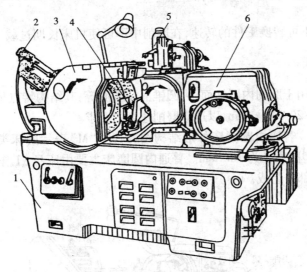

图 9-5 M1080 无心外圆磨床

1—床身;2—磨削修整器;3—磨削轮架;

4—工件支架;5—导轮修整器;6—导轮架

图 9-6 所示为无心外圆磨削的工作原理图。工件放在砂轮和导轮之间,由工件托板支撑。磨削时导轮、砂轮均沿顺时针方向转动,由于导轮材料摩擦系数较大,故工件在摩擦力带动下,以与导轮大体相同的低速旋转。无心磨削也分纵磨和横磨,纵磨时将导轮轴线与工件轴线倾斜一定的角度,此时导轮除带动工件旋转外,还带动工件作轴向进给运动。

无心磨削的特点如下。

(1)生产率高。无心磨削时不必打中心孔或用夹具夹紧工件,生产辅助时间少,故效率大大提高,适合于大批量生产。

(2)工件运动稳定。磨削均匀性不仅与机床传动有关,还与工件形状、导轮和工件支架状态及磨削用量有关。

(3)外圆磨削易实现强力、高速和宽砂轮磨削;内圆磨削则适用于同轴度要求高的薄壁件磨削。

使用时应注意以下几点。

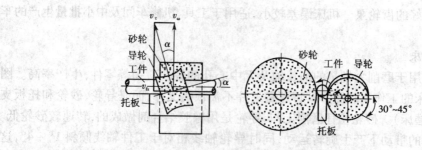

图 9-6　无心外圆磨工作原理

（1）开动机床前，用手检查各种运动后，再按照一定顺序开启各部位开关，使机床空转 10 ~ 20 min 后方可磨削。在启动砂轮时，切勿站在砂轮前面，以免砂轮偶然破裂飞出，造成事故。

（2）在行程中不可转换工件的转速，在磨削中不可使机床长期过载，以免损坏零件。

9.2.2　内圆磨床

内圆磨床主要用于磨削内圆柱面、内圆锥面及端面等，其结构特点是砂轮主轴转速特别高，一般达 10 000 ~ 20 000 r/min，以适应磨削速度的要求。

图 9-7 为 M2110 普通内圆磨床外形结构图。其中"M"表示磨床类，"21"表示内圆磨床，"10"表示最大磨削直径为 100 mm。普通内圆磨床主要由床身、工作台、工件头架、砂轮架和砂轮修整器等部分组成。

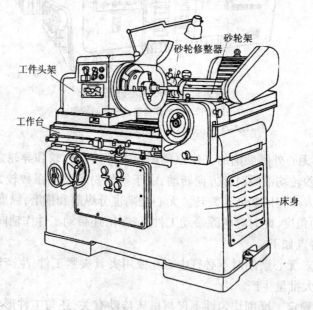

图 9-7　M2110 普通内圆磨床

内圆磨削时，工件常用三爪自定心卡盘或四爪单动卡盘安装，长工件则用卡盘与中心架配合安装。磨削运动与外圆磨削基本相同，只是砂轮旋转方向与工件旋转方向相反。其磨削方法也分为纵磨法和横磨法，一般纵磨法应用较多。

与外圆磨削相比,内圆磨削的生产率很低,加工精度和表面质量较差,测量也较困难。

一般内圆磨削能达到的尺寸精度为 IT6 ~ IT7,表面粗糙度 Ra 值为 0.8 ~ 0.2 μm。在磨锥孔时,头架须在水平面内偏转一个角度。

9.2.3　平面磨床

平面磨床的主轴有立轴和卧轴两种,工作台也分为矩形和圆形两种。图 9-8 为卧式矩台平面磨床的外形图,它由床身、工作台、立柱、拖板、磨头等部件组成。与其他磨床不同的是工作台上装有电磁吸盘,用于直接吸住工件。

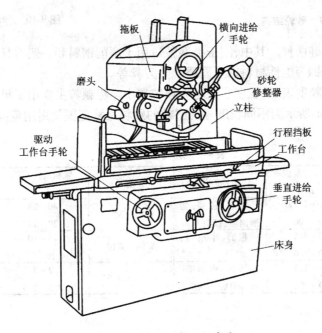

图 9-8　卧式矩台平面磨床

9.3　砂轮

9.3.1　砂轮的特性

图 9-9 所示为砂轮局部放大示意图。它由磨粒、结合剂和气孔组成,亦称砂轮三要素。磨粒的种类和大小、结合剂的种类和多少以及结合强度决定了砂轮的主要性能。

为了方便使用,在砂轮的非工作面上标有砂轮的特性代号,按 GB/T 2484—2006 规定其标志顺序及意义,包括形状、尺寸、磨料、粒度、硬度、组织、结合剂、最高工作线速度。例如,图 9-10 所示砂轮端面的代号 P 400 × 50 × 203A 60L 6V 35 表示形状代号为 P(平型)、外径 400 mm、厚度 50 mm、孔径 203 mm、磨料为棕刚玉(A)、粒度号为 60、硬度等级为中软 2 级(L)、结合剂为陶瓷结合剂(V)、最高工作线速度为 35 m/s 的砂轮。

1. 磨粒

磨粒在磨削过程中担任切削工作,每一个磨粒都相当于一把刀具,以切削工件。常见的

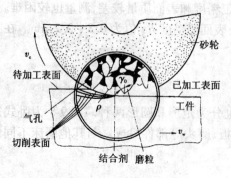

图9-9　砂轮结构

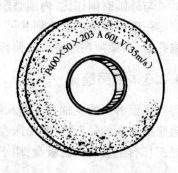

图9-10　砂轮特性代号标注

磨粒有刚玉和碳化硅两种。其中,刚玉类磨粒适用于磨削钢料和一般刀具;碳化硅类磨粒适用于磨削铸铁和青铜等脆性材料以及硬质合金刀具等。

磨粒的大小用粒度表示,粒度号数越大颗粒越小。粗颗粒主要用于粗加工,细颗粒主要用于精加工。表9-1 所示为不同粒度号的磨粒的颗粒尺寸范围及适用范围。

表9-1　磨料粒度的选用

粒度号	颗粒尺寸范围 /μm	适用范围	粒度号	颗粒尺寸范围 /μm	适用范围
12~36	2 000~1 600 500~400	粗磨、荒磨、切断钢坯、打磨毛刺	W40~W20	40~28 20~14	精磨、超精磨、螺纹磨、珩磨
46~80	400~315 200~160	粗磨、半精磨、精磨	W14~W10	14~10 10~7	精磨、精细磨、超精磨、镜面磨
100~280	165~125 50~40	精磨、成形磨、刀具刃磨、珩磨	W7~W3.5	7~5 3.5~2.5	超精磨、镜面磨、制作研磨剂等

2. 结合剂

结合剂的作用是将磨粒黏结在一起,使砂轮具有各种形状、尺寸、强度和耐热性等。结合剂有陶瓷结合剂、树脂结合剂、橡胶结合剂和金属结合剂等,其中以陶瓷结合剂最为常见。

3. 硬度

硬度是指砂轮表面上的磨粒在磨削力的作用下脱落的难易程度。磨粒容易脱落的砂轮硬度低;磨粒难脱落的砂轮硬度高。

砂轮的硬度主要根据工件的硬度来选择,砂轮硬度的选用原则是:工件材料硬,砂轮硬度应选得低一些,以便砂轮磨钝后磨粒及时脱落,露出锋利的新磨粒继续正常磨削;工件材料软,因易于磨削,磨粒不易磨钝,砂轮应选得硬一些。但对于有色金属、橡胶、树脂等软材料磨削时,由于切屑容易堵塞砂轮,应选用较软砂轮。粗磨时,应选用较软砂轮;而精磨、成形磨削时,应选用硬一些的砂轮,以保持砂轮的必要形状精度。机械加工中常用砂轮硬度等级为 H 至 N 级。

4. 组织

砂轮的组织是指砂轮的磨粒和结合剂的疏密程度,反映了磨粒、结合剂、气孔之间的比例关系。砂轮有三种组织状态:紧密、中等、疏松;细分成 0~14 号间,共15级。组织号越小,磨粒所占比例越大,砂轮越紧密;反之,组织号越大,磨粒比例越小,砂轮越疏松。硬度低、韧性大的材料选择组织疏松一点的;精磨、成形磨选择组织紧密的;淬火工件、刀具的磨削选择中等组织的。

5. 砂轮的种类

为了适应各种加工条件和不同类型的磨削结构,砂轮分为平形砂轮、单面凹形砂轮、薄片砂轮、筒形砂轮、碗形砂轮、碟形砂轮、双斜边形砂轮和杯形砂轮等,如图9-11所示。

(1)平形砂轮:主要用于磨外圆、内圆和平面等。

(2)单面凹形砂轮:主要用于磨削内圆和平面等。

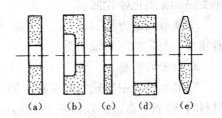

图 9-11　常见砂轮形状

(a)平形;(b)单面凹形;(c)薄片形;
(d)筒形;(e)双斜边形

(3)薄片砂轮:主要用于切断和开槽等。

(4)筒形砂轮:主要用于立轴端面磨。

(5)双斜边形砂轮:主要用于磨削齿轮和螺纹等。

9.3.2　砂轮的检查、安装和修整

1. 砂轮的检查和安装

在磨床上安装砂轮应特别注意。因为砂轮在高速旋转条件下工作,使用前应仔细检查,不允许有裂纹。安装必须牢靠,并应经过静平衡调整,以免造成人身和质量事故。

砂轮内孔与砂轮轴或法兰盘外圆之间不能过紧,否则磨削时受热膨胀,易将砂轮胀裂;也不能过松,否则砂轮容易发生偏心,失去平衡,以致引起振动。一般配合间隙为 0.1 ~ 0.8 mm,高速砂轮间隙要小些。用法兰盘装夹砂轮时,两个法兰盘直径应相等,其外径应不小于砂轮外径的1/3。在法兰盘与砂轮端面间应用厚纸板或耐油橡皮等做衬垫,使压力均匀分布,螺母的拧紧力不能过大,否则砂轮会破裂。注意,紧固螺纹的旋向应与砂轮的旋向相反,即当砂轮逆时针旋转时,用右旋螺纹,这样砂轮在磨削力作用下,将带动螺母越旋越紧。

2. 砂轮的平衡

一般直径大于 125 mm 的砂轮都要进行平衡,使砂轮的重心与其旋转轴线重合。

不平衡的砂轮在高速旋转时会产生振动,影响加工质量和机床精度,严重时还会造成机床损坏和砂轮碎裂。引起不平衡的原因主要是砂轮各部分密度不均匀、几何形状不对称以及安装偏心等。因此在安装砂轮之前都要进行平衡,砂轮的平衡有静平衡和动平衡两种。一般情况下,只需作静平衡,但在高速磨削(速度大于 50 m/s)和高强度磨削时,必须进行动平衡。图9-12所示为砂轮静平衡装置。平衡时将砂轮装在平衡心轴上,然后把装好心轴的砂轮平放到平衡架的平衡导轨上,砂轮会作来回摆动,直至摆动停止。平衡的砂轮可以在任意位置都静止不动。如果砂轮不平衡,则其较重部分总是转到下面。这时可移动平衡块的

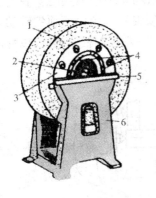

图 9-12　砂轮的平衡

1—砂轮;2—心轴;3—法兰盘;
4—平衡块;5—平衡轨道;
6—平衡架

位置使其达到平衡。平衡好的砂轮在安装至机床主轴前先要进行裂纹检查,有裂纹的砂轮绝对禁止使用。安装时砂轮和法兰之间应垫上 0.5 ~ 1 mm 的弹性垫板。两法兰的直径必须相等,其尺寸一般为砂轮直径的一半。砂轮与砂轮轴或台阶法兰间应有一定间隙,以免主轴受热膨胀而把砂轮胀裂。

平衡砂轮的方法:在砂轮法兰盘的环形槽内装入几块平衡块,通过调整平衡块的位置使砂轮重心与它的回转轴线重合。

3.砂轮的修整

在磨削过程中砂轮的磨粒在摩擦、挤压作用下,它的棱角逐渐磨圆变钝,或者在磨韧性材料时,磨屑常常嵌塞在砂轮表面的孔隙中,使砂轮表面堵塞,最后使砂轮丧失切削能力。这时,砂轮与工件之间会产生打滑现象,并可能引起振动和出现噪声,使磨削效率下降,表面结构值增大。同时由于磨削力及磨削热的增加,会引起工件变形和影响磨削精度,严重时还会使磨削表面出现烧伤和细小裂纹。此外,由于砂轮硬度的不均匀及磨粒工作条件的不同,使砂轮工作表面磨损不均匀,各部位磨粒脱落多少不等,致使砂轮丧失外形精度,影响工件表面的形状精度及表面结构。凡遇到上述情况,砂轮就必须进行修整,切去表面上一层磨料,使砂轮表面重新露出光整锋利的磨粒,以恢复砂轮的切削能力与外形精度。

9.4 磨削工作

使用不同的磨削机床,利用磨削工艺可以磨外圆、内圆(也叫内孔)、圆锥面、平面、成形面等,用途特别广泛。

9.4.1 磨外圆

1.工件的安装

外圆磨床上安装工件的方法有顶尖安装、卡盘安装和心轴安装等。

1)顶尖安装

磨削轴类零件的外圆时常用前、后顶尖装夹。其安装方法与车削中顶尖的安装方法基本相同。不同的是磨削所用的顶尖不随工件一起转动(即死顶尖),以免由于顶尖转动导致的径向跳动误差。尾顶尖是靠弹簧推力顶紧工件的,这样可以自动控制松紧程度,以免因工件受热伸长而弯曲变形,如图 9-13 所示。

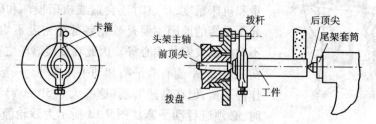

图 9-13 顶尖安装

2)卡盘安装

工件较长且只有一端有中心孔时应采用卡盘安装。安装方法与车床的安装方法基本相同,如图 9-14 所示。用四爪卡盘安装工件时,要用百分表找正,对于形状不规则的工件还可以采用花盘安装。

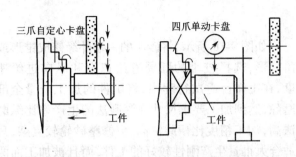

图 9-14　三爪卡盘和四爪卡盘安装

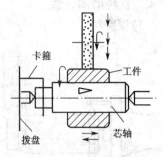

图 9-15　心轴安装

3)心轴安装

盘套类空心工件常用心轴安装。心轴的安装与车床的安装方法基本相同,不同的是磨削用的心轴精度要求更高些,且多用锥度(锥度为 1/7 000～1/5 000)心轴,如图 9-15 所示。

2. 磨削外圆的方法

磨削外圆的方法有纵磨法、横磨法、深磨法和混合磨削法等。

1)纵磨法

如图 9-16 所示,纵磨法磨削外圆时,砂轮的高速旋转为主运动,工件作圆周进给运动的同时,还随工作台作纵向往复运动,实现沿工件轴向进给。每单次行程或每往复行程终了时,砂轮作周期性的横向移动,实现沿工件径向的进给,从而逐渐磨去工件径向的全部留磨余量。磨削到尺寸要求后,进行无横向进给的光磨过程,直至火花消失为止。

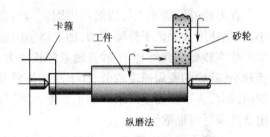

图 9-16　外圆纵磨法

由于纵磨法每次的径向进给量少,磨削力小,散热条件好,充分提高了工件的磨削精度和表面质量,能满足较高的加工质量要求,但磨削效率较低。纵磨法磨削外圆适合磨削较大的工件,是单件、小批量生产的常用方法。纵磨法可一次性磨削长度不同的各种工件,且加工质量好,但是磨削效率低。因此,纵磨法适用于单件小批量生产或精磨。

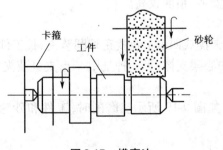

图 9-17　横磨法

2)横磨法

如图 9-17 所示,采用横磨法磨削外圆时,砂轮宽度比工件的磨削宽度大,工件不需作纵向(工件轴向)进给运动,砂轮以缓慢的速度连续地或断续地作横向进给运动,实现对工件的径向进给,直至磨削达到尺寸要求。其特点是:充分发挥了砂轮的切削能力,磨削效率高,同时也适用于成形磨削。然而,在磨削过程中砂轮与工件接触面积大,使得磨削力增大,工件易发生变形和烧伤。另外,砂轮形状误差直接影响工件几何形状精度,磨削精度较低,表面结构值较大。

因而必须使用功率大、刚性好的磨床,磨削的同时必须加注充足的切削液以达到降温的目的。使用横磨法时,要求工艺系统刚性要好,工件宜短不宜长。短阶梯轴轴颈的精磨工序通常采用这种磨削方法。

3)深磨法

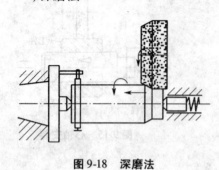

图9-18　深磨法

如图9-18所示,将砂轮的一端外缘修成锥形或阶梯形,选择较小的圆周进给速度和纵向进给速度,在工作台一次行程中,将工件的加工余量全部磨除,达到加工要求尺寸。深磨法的生产率比纵磨法高,加工精度比横磨法高,但修整砂轮较复杂,只适合大批量生产刚性较好的工件,而且被加工面两端应有较大的距离方便砂轮切入和切出。

4)混合磨法(也叫分段综合磨法)

先采用横磨法对工件外圆表面进行分段磨削,每段都留下 0.01 ~ 0.03 mm 的精磨余量,然后用纵磨法进行精磨。这种磨削方法综合了横磨法生产率高、纵磨法精度高的优点,适合于磨削加工余量较大、刚性较好的工件。

9.4.2　磨内圆

在万能外圆磨床上可以磨削内圆。与磨削外圆相比,由于砂轮受工件孔径限制,直径较小,切削速度大大低于外圆磨削,加上磨削时散热、排屑困难,磨削用量不能选择太高,所以生产效率较低。此外,由于砂轮轴悬伸长度大,刚性较差,故加工精度较低。又由于砂轮直径较小,砂轮的圆周速度较低,加上冷却排屑条件不好,所以表面结构值不易降低。因此,磨削内圆时,为了提高生产率和加工精度,砂轮和砂轮轴应尽可能选用直径较大的,砂轮轴伸出长度应尽可能缩短。

由于磨内圆具有万能性,不需要成套的刀具,故在小批及单件生产中应用较多。特别是对于淬硬工件,磨内圆仍是精加工内圆的主要方法。

内圆磨削时的运动与外圆磨削基本相同,但砂轮旋转方向与工件旋转方向相反。

内圆磨削精度可达 IT6 ~ IT7,表面结构值 Ra 为 0.8 ~ 0.2 μm。高精度内圆磨削尺寸精度可达 0.005 μm 以内,表面结构值 Ra 达 0.1 ~ 0.25 μm。

磨削内圆时,工件大多数是以外圆和端面作为定位基准的。通常采用三爪卡盘、四爪卡盘、花盘及弯板等装夹。其中最常用的是四爪卡盘安装,精度较高。

1)工件的装夹

在万能外圆磨床上磨削内圆时,短工件用三爪卡盘或四爪卡盘找正外圆装夹,长工件的装夹方法有两种:一种是一端用卡盘夹紧,一端用中心架支撑;另一种是用 V 形夹具装夹。

2)磨内孔的方法

磨削内孔一般采用切入磨和纵向磨两种方法,如图9-19所示。磨削时,工件和砂轮按相反的方向旋转。

9.4.3　磨削锥面

圆锥面有外圆锥面和内圆锥面两种。工件的装夹方法与外圆和内圆的装夹方法相同。

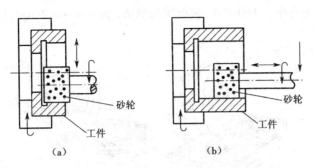

图9-19 磨削内孔

(a)切入磨;(b)纵向磨

在万能外圆磨床上磨外圆锥面有三种方法,如图9-20所示:①转动上层工作台磨外圆锥面,适合磨削锥度小而长度大的工件,见图9-20(a);②转动头架磨外圆锥面,适合磨削锥度大而长度小的工件,见图9-20(b);③转动砂轮架磨外圆锥面,适合磨削长工件上锥度较大的圆锥面,见图9-20(c)。

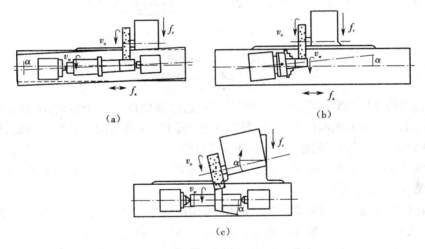

图9-20 磨外圆锥

(a)转动上层工作台磨外圆锥面;(b)转动头架磨外圆锥面;(c)转动砂轮架磨外圆锥面

在万能外圆磨床上磨削内圆锥面有两种方法:①转动头架磨削内圆锥面,适合磨削锥度较大的内圆锥面;②转动上层工作台磨内圆锥面,适合磨削锥度小的内圆锥面。

9.4.4 磨平面

1)装夹工件

磁性工件可以直接吸在电磁吸盘上,对于非磁性工件(如有色金属)或不能直接吸在电磁吸盘上的工件,可使用精密平口钳或其他夹具装夹后,再吸在电磁吸盘上。

2)磨削方法

平面的磨削方式有周磨法(用砂轮的周边磨削,参见图9-21(a)和(b))和端磨法(用砂轮的端面磨削,参见图9-21(c)和(d))。磨削时的主运动为砂轮的高速旋转,进给运动为工件随工作台作直线往复运动或圆周运动以及磨头间隙运动。平面磨削尺寸精度为IT5～

IT6，两平面平行度误差小于100:0.1，表面结构值 Ra 为0.4~0.2 μm，精密磨削时 Ra 可达0.1~0.01 μm。

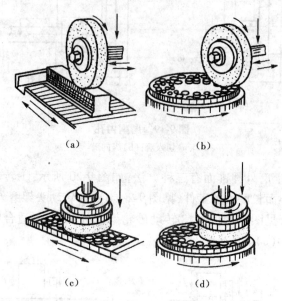

（a）　　　　　　　　（b）

（c）　　　　　　　　（d）

图9-21　平面磨削
（a）、（b）周磨；（c）、（d）端磨

　　周磨法为用砂轮的圆周面磨削平面的方法，这时需要以下几个运动：①砂轮的高速旋转，即主运动；②工件的纵向往复运动，即纵向进给运动；③砂轮周期性横向移动，即横向进给运动；④砂轮对工件作定期垂直移动，即垂直进给运动。

　　端磨法为用砂轮的端面磨削平面的方法，这时需要下列运动：①砂轮高速旋转；②工作台圆周进给；③砂轮垂直进给。

　　周磨法的特点是工件与砂轮的接触面积小，磨削热少，排屑容易，冷却与散热条件好，磨削精度高，表面结构值低，但是生产效率低，多用于单件小批量生产。

　　端磨法的特点是工件与砂轮的接触面积大，磨削热多，冷却与散热条件差，磨削精度比周磨低，生产效率高，多用于大批量生产中磨削要求不太高的平面，且常作为精磨的前一工序。

　　无论哪种磨削，具体磨削也是采用试切法（见第6章车削图6-17），即启动机床，启动工作台，摇进给手轮，让砂轮轻微接触工件表面，调整切削深度，磨削工件至规定尺寸。

9.5　磨工实习考核

　　在学习了磨削加工的各种方法后，大家可以利用平面磨床加工图9-22所示工件的 A 面及其相对面，材料为HT200，毛坯尺寸为90 mm×60 mm×23 mm，A 面及其相对面的表面结构值 Ra 为0.8 μm。

　　工件的具体操作见表9-2。

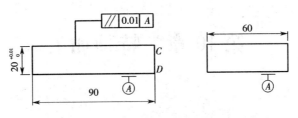

图 9-22 六面体

表 9-2 工件磨削工艺卡片

工序号	工 步	内容及要求	设 备	其他工艺装备
1	工艺准备	阅读图样,检查磨削余量;调整机床;准备工具、夹具和有棱角的金刚石笔等		
2		修整砂轮		金刚石笔
3		去除工件毛刺		锉刀
4	磨削	将平面 A 吸牢在电磁工作台上,将其作为基准面。对刀至砂轮下缘与工件顶面有 0.5 mm 间隙;调整行程挡块,确定工作进程	M1420	钢直尺
5		磨平面 A 的相对面,先粗磨后精磨,使 CD 的尺寸达到 21.8 mm		游标卡尺
6		将平面 A 的相对面作为基准面,固定方法与工序 4 中固定平面 A 的方法相同,磨平面 A,先粗磨后精磨,使 CD 的尺寸达到 20.6 mm		游标卡尺
7		再次将平面 A 作为基准面,精磨平面 A 的相对面,使 CD 尺寸达到 20.3 mm,最后光磨		游标卡尺
8		再次将平面 A 的相对面作为基准面,精磨平面 A,使 CD 的尺寸达到 20 mm,最后光磨		游标卡尺
9	检验	检验几何精度和表面结构		游标卡尺、千分表、直角尺

第10章 特种加工

实习目的及要求

1. 了解特种加工的发展、特点及其分类。

2. 了解常用特种加工方法(电火花加工、电解加工、超声波加工、激光加工、电铸加工等)的工作原理、特点及其应用。

3. 了解快速成形技术的基本概念和常见的工艺方法。

10.1 特种加工概述

1. 特种加工产生的背景

随着科技与生产的发展,许多现代工业产品都要求具有高强度、高速度、耐高温、耐低温、耐高压等技术性能。为适应上述各种要求,需要采用一些新材料、新结构,从而对机械加工提出了许多新要求:如高强度合金钢、耐热钢、铝合金、硬质合金等难加工材料的加工;陶瓷、玻璃、人造金刚石、硅片等非金属材料的加工;高精度,表面结构值极小的表面加工;复杂型面、薄壁、小孔、窄缝等特殊工件的加工等。此类加工若采用传统的切削加工往往很难实现,不仅效率低、成本高,而且很难达到零件的精度和表面结构要求,有些甚至无法加工。特种加工工艺正是在这种新形势下迅速发展起来的。

2. 特种加工的特点

特种加工工艺是直接利用各种能量,如电能、光能、化学能、电化学能、声能、热能及机械能等进行加工的方法。相对于传统的加工方法,它又称为非传统加工工艺。它与传统的机械加工方法比较,具有以下特点。

(1)"以柔克刚"。特种加工的工具与被加工零件基本不接触,加工时不受工件的强度和硬度的制约,故可加工超硬脆材料和精密微细零件,甚至工具材料的硬度可低于工件材料的硬度。

(2)加工时主要用电、化学、电化学、声、光、热等能量去除多余材料,而不是主要靠机械能量切除多余材料。

(3)加工机理不同于一般金属切削加工,不产生宏观切屑,不产生强烈的弹、塑性变形,故可获得很低的表面结构值,其残余应力、冷作硬化、热影响度等也远比一般金属切削加工小。

(4)加工能量易于控制和转换,故加工范围广,适应性强。

由于特种加工方法具有其他加工方法无可比拟的优点,并已成为机械制造科学中一个新的重要领域,在现代加工技术中,占有越来越重要的地位。

3. 特种加工的分类

特种加工一般按照所利用的能量形式来分类。

(1)电、热能:电火花加工、电子束加工、等离子弧加工。

(2)电、机械能:离子束加工。

(3)电、化学能:电解加工、电解抛光。

(4)电、化学、机械能:电解磨削、电解珩磨、阳极机械磨削。

(5)光、热能:激光加工。

(6)化学能:化学加工、化学抛光。

(7)声、机械能:超声波加工。

(8)机械能:磨料喷射加工、磨料流加工、液体喷射加工。

值得注意的是,将两种以上的不同能量和工作原理结合在一起,可以取长补短,获得很好的效果,近年来这些新的复合加工方法正在不断出现。

10.2　电火花加工

电火花加工是指在一定的介质中,通过工具正、负电极和工件电极之间在脉冲放电时产生的电腐蚀作用对导电材料进行加工,使工件的尺寸、形状和表面质量达到技术要求的一种加工方法。常用的电火花加工方法有电火花成形加工和电火花线切割两种。

10.2.1　电火花成形加工

1. 加工原理

在电火花成形加工时,脉冲发生器(即脉冲电源)会产生一连串脉冲电压,施加在浸入工作液(一种绝缘液体,一般用煤油)中的工具电极和工件之间。脉冲电压一般为直流100 V左右,由于工具电极和工件的表面凹凸不平,所以当两极之间的间隙很小时,极间某些点处的电场强度急剧增大,引起绝缘液体的局部电离,形成放电通道。在电场力作用下,通道内的电子高速奔向阳极,正离子奔向阴极,产生火花放电。火花的温度高达 5 000 ℃ 左右,使电极表面局部金属迅速熔化甚至汽化。由于一个脉冲时间极短,所以熔化和汽化的速度都非常快,甚至具有爆炸效果。在这样的高压力作用下,已经熔化和汽化的材料就从工件表面迅速地被抛离。如此反复地使工件表面被蚀除,从而达到成形加工的目的。加工原理如图 10-1 所示。

2. 加工特点

电火花成形加工具有如下特点。

(1)电火花成形加工时不会产生任何切削力,不会对工件产生额外的负担,因此有利于小孔、薄壁、窄槽以及各种复杂形状的零件的加工,也适合于精密微细加工。

(2)脉冲参数可任意调节,可以在不更换机床的情况下连续进行粗、半精、精加工,并且精加工后精度比普通加工方法高。

(3)加工范围非常广,可以加工任何硬、脆、软及高熔点的导电材料,在一定条件下,甚至可以加工半导体和非导电材料。

(4)当脉冲宽度不大时,对于整个工件而言,几乎不受热力影响,因此可以减少热影响

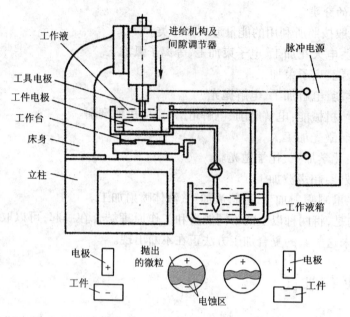

图 10-1　电火花工作原理图

层,提高加工后的表面质量,也适合于加工热敏感的材料。

（5）可以在淬火后进行加工,因而免除了淬火变形对工件尺寸和形状的影响。

电火花加工的缺点有如下几项。

（1）只能加工金属等导电材料。

（2）加工速度较慢。

（3）有电极损耗,影响加工精度。

3. 电火花成形加工的应用

1）型腔加工和曲面加工

电火花成形加工可以加工各类型腔模和各种复杂的型腔零件,如压铸模、落料模、复合模及挤压模等型腔,还可以加工叶轮、叶片等各种曲面,如图 10-2 和图 10-3 所示。

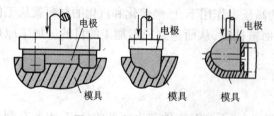

图 10-2　电火花加工模具

图 10-3　加工的油壶吹塑模具

2）穿孔加工

利用电火花成形加工可加工各种圆孔、方孔、多边形孔等型孔和弯孔、螺旋孔等曲线孔以及直径在 0.01 ～ 1 mm 之间的微细小孔等。在进行电火花成形加工时,只需要将工具电极持续进给直至打穿工件,即为穿孔加工,如图 10-4 所示。

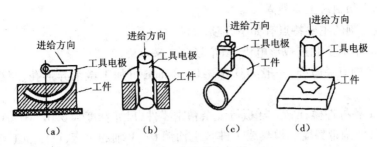

图 10-4　电火花加工孔

(a)弯孔；(b)直孔；(c)直槽；(d)异形槽

10.2.2　电火花线切割

线切割也是电火花加工，只不过工具电极是采用线电极而已。工具电极不用自己制造，购买即可，但加工原理更复杂一些。

数控线切割，尤其是高速走丝线切割发展迅速，设备造价低廉，使用方便，应用特别广泛，线切割数控技术在我国推广最早，具有中国特色，这对普及与推广特种加工起了非常重要的作用，但工艺水平一般。

目前，线切割机床已占电加工机床数量的 60% 以上。

1. 电火花线切割的基本原理

被切割的工件作为工件电极，接脉冲电源正极；电极丝作为工具电极，接脉冲电源负极。

电火花线切割原理如图 10-5 所示，脉冲电源一极接工件，另一极接金属丝。金属丝穿过工件上预先加工出的小孔，经导轨由丝筒带动作正、反向往复交替移动。电极丝与工件始终保持在 0.01 mm 左右的放电间隙，其间注入工作液。工作台带动工件在水平面的 X、Y 两个坐标方向各自作进给运动，以加工零件。

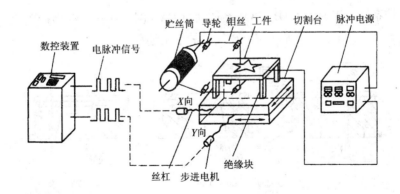

图 10-5　电火花线切割原理

当脉冲电源发出一个电脉冲时，在电极丝和工件之间产生一次火花放电，放电通道中心的温度可达 5 000 ℃ 以上。瞬时高温可以使金属局部熔化甚至汽化。这些汽化后的工作液和金属蒸气迅速热膨胀，并具有微爆炸的特性。当电极丝向前移动时，形成切割痕迹。

2. 电火花线切割的主要特点

电火花线切割的主要特点有如下几项。

(1)加工时不需要制造成形电极,从市场上买来电极丝即可。

(2)电极丝的直径微细,一般为 0.06 ~ 0.18 mm,可加工微细异形孔、窄缝和复杂形状的工件。

(3)能加工各种冲模、凸轮、样板等复杂精密零件,尺寸精度为 0.02 ~ 0.01 mm,Ra 值可达 1.6 μm。可切割带斜度的模具或工件。主轴带 $U—V$ 轴的机床,可以加工空间曲面。

(4)切缝很窄,可以节省材料特别是贵重金属。

(5)可以加工任何导电的材料。

(6)自动化程度高,操作方便,劳动强度低。

(7)加工周期短,成本低。

(8)维修需要较高的综合技术。

3. 适用范围

电火花线切割加工的零件精度较高,尺寸精度可达到 0.02 ~ 0.01 mm,表面结构值 Ra 可达到 1.6 μm 或者更小。线切割加工主要应用于模具型孔、型面和窄缝的加工。电火花线切割冷冲压凹模见图 10-6。

4. 数控电火花机床

为了控制电极丝的运动轨迹,线切割机床一般都带有数控系统。根据不同数控系统,其编程格式一般有四种:

(1)ISO 系统格式,和大部分数控车床、数控铣床相同,不再赘述。

(2)3B 格式。

(3)4B 格式。

(4)EIA(美国电子工业协会)格式,一部分数控机床如数控铣床等也采用。

5. 手工编程

CNC 数控系统可以通过 CAD/CAM 系统通过 CAD 图直接转为程序代码执行加工,也可以通过键盘输入手工编程。下面介绍 3B 代码的手工编程。

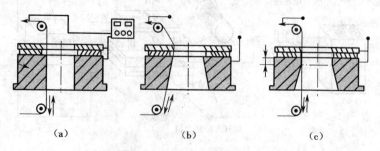

(a)   (b)   (c)

图 10-6　电火花线切割冷冲压凹模

(a)预切直壁;(b)切割锥度;(c)切直刃口

在目前实践中,利用计算机可选择 3B 语言编程,或者用 XOY 语言自动编程后,通过计算机自动转换为 3B 语言。3B 格式见表 10-1。

1）分隔符号

式中的三个 B 叫分隔符号,它在程序单上起把 X、Y 和 J 数值分隔开的作用。

2）X、Y 坐标值

X、Y 坐标值是指被加工线上某一特征点的坐标值。当加工直线段时,X、Y 值一般情况下是指被加工直线段终点对其起点的坐标值,但在编程中直线的 X、Y 值允许把它们同时放大或缩小相同的倍数,只要其比值保持不变即可。

当加工圆或圆弧时,X、Y 必须是指圆或圆弧起点对其圆心的坐标值。

表 10-1　3B 五指令程序格式表

N	B	X	B	Y	B	J	G	Z
序号	分隔符	X 坐标值	分隔符	Y 坐标值	分隔符	计数长度	计数方向	加工指令

3）加工指令

"Z"加工指令用来指令加工线的种类。Z 是指加工指令的总称。

(1)直线。对于加工直线段的加工指令用 L 表示,L 后面的数字表示该直线段所在的象限(如图 10-7 所示)。当直线段与坐标轴重合时,规定在 X 轴正半轴上为 L1,Y 轴正半轴上为 L2,X 轴负半轴上为 L3,Y 轴负半轴上为 L4,如图 10-8 所示。

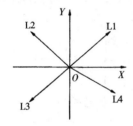

图 10-7　直线指令按象限表示法

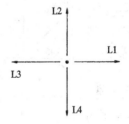

图 10-8　坐标轴上直线指令表示法

(2)圆或圆弧。当加工圆或圆弧时,人们习惯把它们分成两类:顺圆或顺圆弧用 SR 表示;逆圆或逆圆弧用 NR 表示。SR 或 NR 后面的数字表示圆或圆弧起点所在的坐标象限。如图 10-9 所示,当圆或圆弧起点与坐标轴重合时,其起点所属象限应取该起点的切线方向所指的象限。

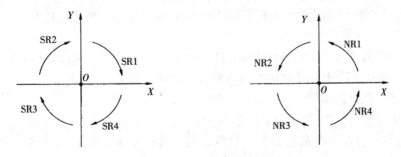

图 10-9　圆或圆弧指令按象限表示法

4)计算方向 G 和计算长度 J

为了保证所加工的线能按要求的长度加工出来,线切割机床一般是通过控制从起点到终点某个拖板进给的总长度来达到的。因此,在计算机中设立一个计算器 J 来进行计算,即把加工该线段的拖板进给总长度 J 的值预先置入计算器 J 中。加工时,当被确定为计算长度坐标的拖板每进给一步,计算器 J 的数值就减小 1。当计算器 J 里的数值减为零时,则表示该线段已加工到终点。当起点在 X 或 Y 坐标轴上时,用哪个坐标来作计算长度呢? 这个选择称为计算方向 G 的选择,依图形的特点而定。

(1)计算方向 GX 或 GY 的选择。加工直线段时,必须把进给距离较远的一个方向用作进给长度控制的方向,即加工直线段时应选择所靠近的坐标轴为计算方向,当被加工直线段终点到两坐标轴距离相等时,一般情况下可任选一坐标轴为计算方向,但从理论上分析,最后一步进给是哪个坐标轴,即选该轴为计算方向。从这个观点考虑,Ⅰ、Ⅱ象限应选取 GY,而Ⅲ、Ⅳ象限选取 GX,才能保证到达终点。

加工圆或圆弧时,计算方向的选择从理论上分析也应是当加工圆或圆弧到达终点时,最后一步的是哪一个坐标,就选该坐标为计算方向,所以,加工圆或圆弧时应选终点远离的坐标轴为计算方向,当圆或圆弧终点到两坐标轴距离相等时,因不易准确分析到达终点时最后是哪一个坐标,所以可按习惯任选取一坐标轴为计算方向,参见图 10-10。

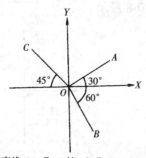

加工直线 OA,取 X 轴,记作 GX
加工直线 OB,取 Y 轴,记作 GY
加工直线 OC,取 X 或 Y 轴,记作 GX 或 GY

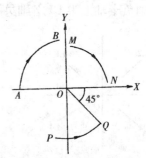

加工圆弧 AB,取 X 轴,记作 GX
加工圆弧 MN,取 X 轴,记作 GY
加工圆弧 PQ,取 X（Y）轴,记作 GX(GY)

图 10-10   计数方向命令确定方法

(2)计算长度的计算。当计算方向确定后,计算长度 J 应取在计算方向上从起点到终点拖板移动的总距离,也就是取圆弧在计数方向上线段投影的总长度。

例如,对于如图 10-11 所示的直线,图 10-11(a)中 G 选取 GY 计算长度 $J = Y_e$,图 10-11(b)中 G 选取 GX 计算长度 $J = X_e$。

当加工圆或圆弧时,如图 10-12 所示,其中图 10-12(a)计算方向应先取 GX,计算长度 $J = J_{x1} + J_{x2}$,图 10-12(b)中计算方向 G 应先取 GY,计算长度 $J = J_{y1} + J_{y2} + J_{y3}$

5)X、Y 和 J 数值的单位

由于拖板每移动一步,工作台就进给 1 μm,所以 X、Y 和 J 的单位为 μm。当 X、Y 和 J 不够 6 位数值时,应用 0 在高位补足 6 位数。但用微机控制的机床,X、Y 和 J 不足 6 位数时,不必补足 6 位数。当直线与坐标轴重合时,X、Y 值可不给出。

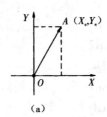 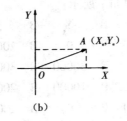

图 10-11　直线加工计算长度的确定

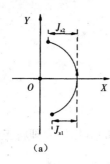 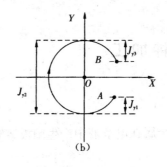

图 10-12　线切割圆弧计算长度的确定

10.2.3　线切割考核件手工编程实例

编程时,应将加工图形分解成各圆弧与各直线段,然后按加工顺序编写程序。如图 10-13 所示,它由 3 段直线和 3 段圆弧组成,所以分成如下 6 段来编程序。

(1)加工圆弧 AB,用该圆弧圆心 O 为坐标原点,经计算圆弧起点 A 的坐标为 X = − 10,Y = 0。

程序为:B10000BOB20000GYSR2

(2)加工直线段 BC,以起点 B 为坐标原点,AB 与 Y 轴负轴重合。

程序为:B0B3000B30000GYL4

(3)加工圆弧 CD,以该圆心 O 为坐标原点,经计算圆弧起点 C 的坐标为 X = 0,Y = 10。

程序为:BOBl0000B20000GXSR1

(4)加工直线段 DE,以起点 D 为坐标原点,DE 与 X 轴负轴重合。

程序为:B20000BOB20000GXL3

(5)加工圆弧 EF,以该圆弧圆心为坐标原点,经过计算圆弧起点正对圆心的坐标为 X = 0,Y = − 10。

程序为:BOBl0000B20000GXSR3

(6)加工直线段 FA,以起点 F 为坐标原点,FA 与 Y 轴正轴重合。

程序为:BOB30000B30000GYL2

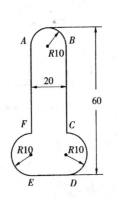

图 10-13　线切割考核件

加工程序单整理如下所示:

序号	B	X	B	Y	B	J	G	Z
1	B	10000	B	0	B	20000	GY	SR2
2	B	0	B	30000	B	30000	GY	L4
3	B	0	B	10000	B	20000	GX	SRl
4	B	20000	B	0	B	20000	GX	L3
5	B	0	B	10000	B	20000	GX	SR3
6	B	0	B	30000	B	30000	GY	L2
7	E							

10.3 其他特种加工

10.3.1 电解加工

电解加工是利用金属在电解液中产生阳极溶解的电化学原理将工件加工成形的。

1.加工原理

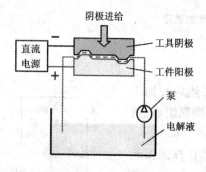

图 10-14 电解加工原理

电解加工的原理如图 10-14 所示,工件接正极,工具接负极,两极之间保持较小的间隙(一般为 0.02~0.7 mm)和高速流动的可导电的电解液,并在两极之间接上低电压、大电流的稳压直流电源。当电解开始时,在工件和工具之间施加电压,使工件表面的金属产生阳极溶解,而溶解的产物迅速被高速流动的电解液不断冲走,使阳极溶解能不断地进行。

2.工艺特点

电解加工的工艺特点如下。

(1)电解加工可以加工高硬度、高强度和高韧性的材料,并且可以一次性加工出形状复杂的型面和型腔,且不产生加工毛刺。

(2)在电解加工中,工具电极是阴极,阴极上只产生氢气和沉淀而无溶解作用,因此工具电极无损耗。

(3)加工过程中,无机械力和切削热的作用,因此不存在应力和变形。

(4)电解液对机床有腐蚀作用,因此电解加工机床需采用防腐措施。另外,由于电解物难以处理和回收,对环境污染严重。

3.应用

电解加工比电火花加工生产效率高,但是加工精度低,机床费用高。因此,电解加工适用于深孔扩孔、型孔、型腔和叶片等的成批和大量生产,多用于粗加工和半精加工。

10.3.2 超声波加工

超声波加工是利用工具作超声振动带动工件和工具间的磨料悬浮液来冲击和抛磨工件的被加工部位,使其局部材料破碎成粉末,以进行穿孔、切割和研磨等的加工方法。

1. 加工原理

超声波的加工原理如图 10-15 所示,加工时,在工件和工具之间注入液体和磨料混合的悬浮液,并使工具以很小的力轻轻压在工件上。超声波发生器产生的超声频振荡,通过换能器转化为 16 000 Hz 以上的超声频纵向振动,并借助变幅杆把振幅提高到 0.01 mm 左右。磨料在工具的超声振荡作用下,以高速不断地撞击工件表面,来加工材料。

2. 适用范围

超声波加工的适用范围如下。

(1)超声波适用于加工各种硬脆材料,特别是不导电的非金属材料,如玻璃、陶瓷、石英、石墨和金刚石等。

(2)超声波可以用来切割、雕刻、研磨、清洗、焊接和探伤等。

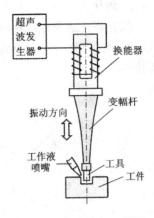

图 10-15　超声波加工原理

(3)目前超声波主要用于加工脆硬材料上的圆孔、型孔和微细孔等。

10.3.3　激光加工

激光加工是指利用功率密度极高的激光束照射工件的被加工部位,使其材料瞬间熔化或蒸发,并在冲击波作用下,将熔融物质喷射出去,从而对工件进行穿孔、蚀刻和切割;或采用较小能量密度使加工区域材料熔融黏合,对工件进行焊接的方法。

1. 加工原理

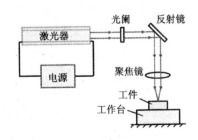

图 10-16　激光加工原理

激光加工的原理如图 10-16 所示,激光加工通过一系列装置把光的能量高度集中在一个极小的面积上,产生几万摄氏度的高温,使金属或非金属材料立即汽化蒸发,并产生强烈的冲击波,使熔化物质呈爆炸式喷射去除,从而在工件上加工出孔、窄缝以及其他形状的表面。

2. 工艺特点

激光加工的特点如下。

(1)适应性强。激光加工几乎可以对所有的金属材料和非金属材料进行加工,特别适用于坚硬材料和难熔材料的微小孔的加工。

(2)加工效率高。因为使用激光加工打一个孔只需要 0.001 s,因此,激光加工生产效率比较高。

3. 应用范围

1)打孔

利用激光可以加工所有的金属和非金属的各种微孔($\phi0.01 \sim \phi1$ mm)、深孔和窄孔等,例如,火箭发动机和柴油机的喷嘴加工,以及仪表中宝石轴承的打孔,金刚石拉丝模孔的加工等。

2)切割

切割时,激光束与工件作相对移动,即可将工件分开。激光束可以在任何方向上进行切割,切割速度高于机械切割。

3)焊接

激光焊接通常用减小激光输出功率,将工件结合处烧熔连接在一起实现焊接。焊接过程迅速,热影响区小,没有焊渣,并且可以实现不同材料之间的焊接,如金属与非金属材料的焊接等。

第11章　金工实习中的劳动保护和安全

11.1　劳动保护

劳动保护是国家和企业为保护劳动者在劳动生产过程中的安全和健康所采取的立法、组织和技术措施的总称。劳动保护的目的是为劳动者创造安全、卫生、舒适的劳动工作条件,消除和预防劳动生产过程中可能发生的伤亡、职业病和急性职业中毒,保障劳动者以健康的劳动力参加社会生产,促进劳动生产率的提高,保证社会主义现代化建设顺利进行。

11.1.1　劳动保护的基本内容

(1)劳动保护的立法和监察。主要包括两大方面的内容,一是属于生产行政管理的制度,如安全生产责任制度、加班加点审批制度、卫生保健制度、劳保用品发放制度及特殊保护制度;二是属于生产技术管理的制度,如设备维修制度、安全操作规程等。

(2)劳动保护的管理与宣传。企业劳动保护工作由安全技术部门负责组织、实施。

(3)安全技术。采取各种保证安全生产的技术措施,控制和消除生产过程中容易造成劳动者伤害的各种不安全因素,减少和杜绝伤亡事故,保障劳动者安全地从事生产劳动。

(4)劳动卫生。采取各种保证劳动卫生的技术措施,改善作业环境,防止和消灭职业病及职业危害,保障劳动者的身体健康,实现文明生产。

(5)劳动条件。改善劳动条件,减轻劳动强度,为劳动者创造舒适、良好的作业环境。

(6)工作时间与休假。安排好劳逸结合,严格控制加班加点,保证劳动者有合理的休息时间,使劳动者能经常保持健康的体魄、高涨的热情和充沛的精力,保证安全生产,提高劳动效率。

(7)女职工与未成年工的特殊保护。根据女职工和未成年工的生理特点,依法对他们进行特殊保护。但不包括劳动权利和劳动报酬等方面内容。

11.1.2　劳动保护工作的方法

目前世界各国在劳动保护工作中普遍推行技术对策、教育对策和法制对策。这三个对策被公认为是防止事故的三根支柱。通过这三根支柱的作用,能有效地防止事故发生。我国现在劳动保护工作的主要方法如下。

(1)贯彻"安全第一,预防为主"的方针,完善劳动保护工作的体制。一是坚决贯彻"管生产必须管安全"的原则,将劳动保护工作的方针、政策和具体任务落实到生产中去。二是在劳动行政部门建立健全保护监察制度,加强劳动保护监察机构的力量,充分发挥国家劳动保护监察的作用。三是加强群众监督,对于企业安全生产的行为,工会要提出批评和建议,督促有关方面及时改进。

(2)健全劳动保护法制,完善劳动保护法律体系。劳动保护法制,是指国家用立法形式,将改善劳动条件、保障安全生产和文明生产的各种措施加以规范化、条文化,用法律和法规的形式固定下来,使之成为全社会都必须遵守的行为准则。有了法规,一方面可使企业和经济管理部门的领导明确自己在保护劳动者安全和健康上应负的责任;另一方面可使劳动者在生产中的安全与健康有法律保障,更有利于为实行劳动保护监察提供法律依据。

(3)不断采用新技术,改善劳动条件。随着生产工艺的改革和技术进步,对原有的落后的工艺和设备进行改造,提高劳动安全卫生装置与设施的可靠性,可以减少以至消除生产中的不安全和不卫生因素。

(4)广泛开展劳动保护宣传教育。宣传教育是提高各级领导和广大群众对劳动保护工作重要性认识的一种行之有效的手段。一方面,要宣传好的经验和做法,深刻认识造成事故和职业病所带来的痛苦和损失。宣传教育的形式要多样、生动活泼,以提高实际效果。

(5)积极开展劳动保护科学研究工作。科学技术是第一生产力,劳动保护科学研究工作也必须走在其他各项工作的前头。伴随着经济建设的深入发展,新的科学技术不断涌现,必然会不断产生新的劳动保护科学技术课题。因此,必须把劳动保护科学研究工作作为永恒的任务,不断予以加强。要加强情报信息的收集,为解决劳动安全卫生问题制定劳动安全卫生标准和开展技术监察提供科学的数据与手段。

11.1.3　工厂安全卫生规程

为保护劳动者的安全和身体健康,1956 年 5 月 25 日国务院全体会议第二十九次会议通过了《工厂安全卫生规程》,具体内容如下。

第一章　总则

第一条　为改善工厂的劳动条件,保护工人职员的安全和健康,保证劳动生产率的提高,制定本规程。

第二条　本规程适用于国营、地方国营、合作社营和公私合营的大型工厂。

第二章　厂院

第三条　人行道和车行道应该平坦、畅通;夜间要有足够的照明设备。道路和轨道交叉处必须有鲜明的警告标志、信号装置或者落杆。

第四条　为生产需要所设的坑、壕和池,应该有围栏或者盖板。

第五条　原材料、成品、半成品和废料的堆放,应该不妨碍通行和装卸时候的便利和安全。

第六条　厂院应该保持清洁。沟渠和排水道要定期疏浚。垃圾应该收集于有盖的垃圾箱内,并且定期清除。

第七条　建筑物必须坚固安全,如果有损坏或者危险的象征,应该立即修理。

第八条　电网内外都应该有护网和显明的警告标志(离地二点五公尺以上的电网可不装护网)。

第三章　工作场所

第九条　工作场所应该保持整齐清洁。

第十条　机器和工作台等设备的布置,应该便于工人安全操作;通道的宽度不能小于一公尺。

第十一条　升降口和走台应该加围栏。走台的围栏高度不能低于一公尺。

第十二条　原材料、成品和半成品的堆放要不妨碍操作和通行。废料应该及时清除。

第十三条　地面、墙壁和天花板都应该保持完好。

第十四条　经常有水或者其他液体的地面，应该注意排水和防止液体的渗透。

第十五条　在易使脚部潮湿、受寒的工作地点，要设木头站板。

第十六条　排水沟渠应该加盖，并且要定期疏浚。

第十七条　工作场所的光线应该充足，采光部分不要遮蔽。

第十八条　工作地点的局部照明的照度应该符合操作要求，也不要光线刺目。

第十九条　通道应该有足够的照明。

第二十条　窗户要经常擦拭，启闭装置应该灵活；人工照明设备应该保持清洁完好。

第二十一条　室内工作地点的温度经常高于摄氏三十五度的时候，应该采取降温措施；低于摄氏五度的时候，应该设置取暖设备。（注解：1957 年 10 月 14 日国务院发出总念字第 79 号通知，将第二十一条原文作了修改，修改前原条文为："室内工作地点的温度经常高于摄氏三十二度的时候，应该采取降温措施；低于摄氏十度的时候，应该设置取暖设备。"）

第二十二条　对于和取暖无关的蒸汽管或者其他发散大量热量的设备，应该采用保温或者隔热的措施。

第二十三条　经常开启的门户，在气候寒冷的时候，应该有防寒装置。

第二十四条　通风装置和取暖设备，必须有专职或兼职人员管理，并且应该定期检修和清扫，遇有损坏应该立即修理。

第二十五条　对于经常在寒冷气候中进行露天操作的工人，工厂应该设有取暖设备的休息处所。

第二十六条　工厂要供给工人足够的清洁开水。盛水器应该有龙头和盖子，并且要加锁；盛水器和饮水用具应该每日清洗消毒。

第二十七条　在高温条件下操作的工人，应该由工厂供给盐汽水等清凉饮料。

第二十八条　禁止在有粉尘或者散放有毒气体的工作场所用膳和饮水。

第二十九条　工作场所应该根据需要设置洗手设备，并且供给肥皂。

第三十条　工作场所要设置有盖痰盂，每天至少清洗一次。

第三十一条　工作场所应该备有急救箱。

第四章　机械设备

第三十二条　传动带、明齿轮、砂轮、电锯、接近于地面的联轴节、转轴、皮带轮和飞轮等危险部分，都要安设防护装置。

第三十三条　压延机、冲压机、碾压机、压印机等压力机械的施压部分都要有安全装置。

第三十四条　机器的转动摩擦部分，可设置自动加油装置或者蓄油器；如果用人工加油，要使用长嘴注油器，难于加油的，应该停车注油。

第三十五条　起重机应该标明起重吨位，并且要有信号装置。桥式起重机应该有卷扬限制器、起重量控制器、行程限制器、缓冲器和自动联锁装置。

第三十六条　起重机应该由经过专门训练并考试合格的专职人员驾驶。

第三十七条　起重机的挂钩和钢绳都要符合规格，并且应该经常检查。

第三十八条　起重机在使用的时候，不能超负荷、超速度和斜吊；并且禁止任何人站在吊运物品上或者在下面停留和行走。

第三十九条　起重机应该规定统一的指挥信号。

第四十条　机器设备和工具要定期检修,如果损坏,应该立即修理。

第五章　电气设备

第四十一条　电气设备和线路的绝缘必须良好。裸露的带电导体应该安装于碰不着的处所;否则必须设置安全遮栏和显明的警告标志。

第四十二条　电气设备必须设有可熔保险器或者自动开关。

第四十三条　电气设备的金属外壳,可能由于绝缘损坏而带电的,必须根据技术条件采取保护性接地或者接零的措施。

第四十四条　行灯的电压不能超过三十六伏特,在金属容器内或者潮湿处所不能超过十二伏特。

第四十五条　电钻、电镐等手持电动工具,在使用前必须采取保护性接地或者接零的措施。

第四十六条　发生大量蒸汽、气体、粉尘的工作场所,要使用密闭式电气设备;有爆炸危险的气体或者粉尘的工作场所,要使用防爆型电气设备。

第四十七条　电气设备和线路都要符合规格,并且应该定期检修。

第四十八条　电气设备的开关应该指定专人管理。

第六章　锅炉和气瓶

第四十九条　每座工业锅炉应该有安全阀、压力表和水位表,并且要保持准确、有效。

第五十条　工业锅炉应该有保养、检修和水压试验制度。

第五十一条　工业锅炉的运行工作,应该由经过专门训练并考试合格的专职人员担任。

第五十二条　各种气瓶在存放和使用的时候,必须距离明火十公尺以上,并且避免在阳光下曝晒;搬运时不能碰撞。

第五十三条　氧气瓶要有瓶盖和安全阀,严防油脂沾染,并且不能和可燃气瓶同放一处。

第五十四条　乙炔发生器要有防止回火的安全装置,并且应该距离明火十公尺以上。

第七章　气体、粉尘和危险物品

第五十五条　散放易燃、易爆物质的工作场所,应该严禁烟火。

第五十六条　发生强烈噪音的生产,应该尽可能在设有消音设备的单独工作房中进行。

第五十七条　发生大量蒸汽的生产,要在设有排气设备的单独工作房中进行。

第五十八条　散放有害健康的蒸汽、气体和粉尘的设备要严加密闭,必要的时候应该安装通风、吸尘和净化装置。

第五十九条　散放粉尘的生产,在生产技术条件许可下,应该采用湿式作业。

第六十条　有毒物品和危险物品应该分别储藏在专设处所,并且应该严格管理。

第六十一条　在接触酸碱等腐蚀性物质并且有烧伤危险的工作地点,应该设有冲洗设备。

第六十二条　对于有传染疾病危险的原料进行加工的时候,必须采取严格的防护措施。

第六十三条　对于有毒或者有传染性危险的废料,应该在当地卫生机关的指导下进行处理。

第六十四条　废料和废水应该妥善处理,不要使它危害工人和附近居民。

第八章　供水

第六十五条　工厂应该保证生活用水和工业用水的充分供给。饮水非经当地卫生部门的检验许可,不许使用。

第六十六条　水源、水泵、贮水池和水管等都应该妥善管理,保证饮水不受污染。

第九章　生产辅助设施

第六十七条　工厂应该为自带饭食的工人设置饭食的加热设备。

第六十八条　工厂应该根据需要,设置浴室、厕所、更衣室、休息室、妇女卫生室等生产辅助设施。上列用室须经常保持完好和清洁。

第六十九条　浴室内应该设置淋浴。浴池要每班换水,禁止患有传染性皮肤病、性病的人入浴。

第七十条　厕所应该设在工作场所附近,男女厕所应该分开。

第七十一条　厕所要有防蝇设备。没有下水道的厕所、便坑必须加盖。

第七十二条　妇女卫生室应该设在工作场所附近,室内要备有温水箱、喷水冲洗器、洗涤池、污物桶等。

第七十三条　更衣室、休息室内要设置衣箱或者衣挂。沾有毒物或者特别肮脏的工作服必须和便服隔开存放。

第十章　个人防护用品

第七十四条　有下列情况的一种,工厂应该供给工人工作服或者围裙,并且根据需要分别供给工作帽、口罩、手套、护腿和鞋盖等防护用品:

(一)有灼伤、烫伤或者容易发生机械外伤等危险的操作。

(二)在强烈辐射热或者低温条件下的操作。

(三)散放毒性、刺激性、感染性物质或者大量粉尘的操作。

(四)经常使衣服腐蚀、潮湿或者特别肮脏的操作。

第七十五条　在有危害健康的气体、蒸汽或者粉尘的场所操作的工人,应该由工厂分别供给适用的口罩、防护眼镜和防毒面具等。

第七十六条　工作中发生有毒的粉尘和烟气,可能伤害口腔、鼻腔、眼睛、皮肤的,应该由工厂分别供给工人漱洗药水或者防护药膏。

第七十七条　在有噪音、强光、辐射热和飞溅火花、碎片、刨屑的场所操作的工人,应该由工厂分别供给护耳器、防护眼镜、面具和帽盔等。

第七十八条　经常站在有水或者其他液体的地面上操作的工人,应该由工厂供给防水靴或者防水鞋等。

第七十九条　高空作业工人,应该由工厂供给安全带。

第八十条　电气操作工人,应该由工厂按照需要分别供给绝缘靴、绝缘手套等。

第八十一条　经常在露天工作的工人,应该由工厂供给防晒、防雨的用具。

第八十二条　在寒冷气候中必须露天进行工作的工人,应该由工厂根据需要供给御寒用品。

第八十三条　在有传染疾病危险的生产部门中,应该由工厂供给工人洗手用的消毒剂,所有工具、工作服和防护用品,必须由工厂负责定期消毒。

第八十四条　产生大量一氧化碳等有毒气体的工厂,应该备有防毒救护用具,必要的时候应该设立防毒救护站。

第八十五条　工厂应该经常检查防毒面具、绝缘用具等特制防护用品,并且保证它良好有效。

第八十六条　工厂对于工作服和其他防护用品,应该负责清洗和修补,并且规定保管和发放制度。

第八十七条　工厂应该教育工人正确使用防护用品。对于从事有危险性工作的工人(如电气工、瓦斯工等),应该教会紧急救护法。

第十一章　附则

第八十八条　各企业主管部门可以根据本规程结合各该产业的具体情况,制定单行的细则,并且送劳动部备案。

第八十九条　本规程由国务院发布施行。

11.1.4　机械安全技术措施

1.采用的安全技术措施

1)避免锐边、尖角和凸出部分

在不影响预定使用功能的前提下,机械设备及其零部件应尽量避免设计成会引起损伤的锐边、尖角以及粗糙的、凸凹不平的表面和较突出的部分。金属薄片的棱边应倒钝、折边或修圆,可能引起刮伤的开口端应包覆。

2)安全距离的原则

利用安全距离防止人体触及危险部位或进入危险区,是减小或消除机械风险的一种方法。在规定安全距离时,必须考虑使用机器时可能出现的各种状态、有关人体的测量数据、技术和应用等因素。

3)限制有关因素的物理量

在不影响使用功能的情况下,根据各类机械的不同特点,限制某些可能引起危险的物理量值来减小危险。例如,将操纵力限制到最低值,使操作者不会因破坏而产生机械危险;限制运动件的质量或速度,以减小运动件的动能;限制噪声和振动等。

4)使用本质安全工艺过程和动力源

对预定在爆炸环境中使用的机器,应采用全气动或全液压控制系统和操纵机构,或"本质安全"电气装置,也可采用电压低于"功能特低电压"的电源,以及在机器的液压装置中使用阻燃和无毒液体。

2.限制机械应力

机械选用材料的性能数据、设计规程、计算方法和试验规则,都应该符合机械设计与制造的专业标准或规范的要求,使零件的机械应力不超过许用值。保证安全系数,以防止由于零件应力过大而被破坏或失效,避免故障或事故的发生;同时,通过控制连接、受力和运动状态来限制应力。

3.材料和物质的安全性

用以制造机器的材料、燃料和加工材料在使用期间不得危及操作人员的安全或健康。

4.遵循安全人机工程学原则

在机械设计中,在合理分配人机功能、适应人体特性、人机界面设计、作业空间的布置等方面履行安全人机工程学原则,提高机器的操作性能和可靠性,使操作者的体力消耗和心理压力尽量降到最低,从而减小操作差错。

5. 设计控制系统的安全原则

机械在使用过程中典型的危险工况有意外启动、速度变化失控、运动不能停止、运动机器零件或工件飞出、安全装置的功能受阻等。控制系统的设计应考虑各种作业的操作模式或采用故障显示装置,使操作者可以安全进行干预的措施。应遵循以下原则和方法。

(1)机构启动及变速的实现方式。机构的启动或加速运动应通过施加或增大电压或流体压力去实现,若采用二进制逻辑元件,应通过由"0"状态到"1"状态去实现;相反,停机或降速应通过去除或降低电压或流体压力去实现,若采用二进制逻辑元件,应通过"1"状态到"0"状态去实现。

(2)重新启动的原则。动力中断后重新接通时,如果机器自发启动会产生危险。应采取措施,使动力重新接通时机器不会自行启动,只有再次操作启动装置机器才能运转。

(3)零部件的可靠性。此项应作为安全功能完备性的基础,使用的零部件应能承受在预定使用条件下的各种干扰和应力,不会因失效而使机器产生危险的误动作。

(4)定向失效模式。这是指部件或系统主要失效模式是预先已知的,而且只要失效总是这些部件或系统,就可以事先针对其失效模式采取相应的预防措施。

(5)关键件的加倍(或冗余)。控制系统的关键零部件可以通过备份的方法。即当一个零部件失效时,用备份件接替以实现预定功能。当与自动监控相结合时,自动监控应采用不同的设计工艺,以避免共因失效。

(6)自动监控。自动监控的功能是保证当部件或元件执行其功能的能力减弱或加工条件变化而产生危险时,以下安全措施开始起作用:停止危险过程,防止故障停机后自行再启动,触发报警器。

(7)可重编程序控制系统中安全功能的保护。在关键的安全控制系统中,应注意采取可靠措施,防止储存程序被有意或无意改变。可能的话,应采用故障检验系统来检查由于改变程序而引起的差错。

6. 安全防护措施

安全防护是通过采用安全装置、防护装置或其他手段,对一些机械危险进行预防的安全技术措施,其目的是防止机器在运行时产生各种对人员的接触伤害。防护装置和安全装置有时也统称为安全防护装置。安全防护的重点是机械的传动部分、操作区、高处作业区、机械的其他运动部分、移动机械的移动区域,以及某些机器由于特殊危险形式需要采取的特殊防护等。采用何种手段防护,应根据对具体机器进行风险评价的结果来决定。

安全防护装置必须满足与其保护功能相适应的安全技术要求,其基本安全要求如下。

(1)结构的形式和布局设计合理,具有切实的保护功能,以确保人体不受到伤害。

(2)结构要坚固耐用,不易损坏;安装可靠,不易拆卸。

(3)装置表面应光滑、无尖棱刺角,不增加任何附加危险,不应成为新的危险源。

(4)装置不容易被绕过或避开,不应出现漏保护区。

(5)满足安全距离的要求,使人体各部位(特别是手或脚)无法接触危险。

(6)不影响正常操作,不得与机械的任何可动零部件接触;对人的视线障碍最小。

(7)便于检查和修理。

11.2　金工实习中的安全

金工实习涉及铸造、压力加工、焊接、金属热处理、机械切削加工和钳工等主要工种。这些工艺的实施和相关设备的运行过程,都潜在种种不安全、不卫生因素,对操作者的身体安全和健康构成威胁,应分别加以认识和采取必要措施进行防范。

11.2.1　铸造实习中的安全

1. 铸造中的不安全因素

铸造工艺的实施,必须使金属加热达到熔化成为具有流动性的液态。金属的熔点甚高,而且为了使熔融金属具有流动性,加热温度必须高于金属熔点,即所谓浇注温度。金属的浇注温度,视金属的种类而异:铸铝合金为 680～720 ℃;铸铜合金为 1 040～1 100 ℃;铸铁为 1 300 ℃;铸钢为 1 600～1 640 ℃。因此,高温熔液有可能对人体造成烧伤、灼伤、热辐射损伤等伤害。

砂型铸造所使用的铸造用砂,主要成分为二氧化硅,当干砂搅拌和落砂清理时,会有大量含硅粉尘飞扬,通过呼吸道进入人体,当进入人体的数量达到一定程度后,就会形成不可逆转的硅肺病,严重时会威胁人的生命。

另外,辗砂机、造型机和各种熔化炉的运行,都可能产生机械绞轧或者碰击。

2. 铸造实习中的操作要求

铸造实习中的安全保护措施,除了对运动性机器加以必要的防护外,更重要的是注意安全操作和操作者的自我保护。其中主要有以下几点。

(1)上岗前穿戴好劳保用品;操作前清除造型地点的铁屑及其他障碍物,检查所需工具砂箱是否完整。

(2)砂箱垒放要整齐、牢固,不得过高,大箱在下防止倾倒伤人;砂型摆放要整齐,留出一定空隙以便于浇注。

(3)不准在吊起砂型下面工作,需要在下面操作时必须用架子支牢固;翻转砂箱时,砂箱必须吊平,让周围人员躲开,操作者身体不能靠近砂箱,宜在周围空旷地方。

(4)砂箱往模板上放时,不要用手扶砂箱,下面扣箱时要吊平、吊稳;合箱后抹好箱缝,按工艺规定压铁重量压好或用螺丝拧紧,以免浇注时抬箱或跑火,并检查浇冒口内有无砂子,气孔是否畅通。

(5)大型砂或地坑造型,周围和底部一定要留通气孔,使型内气体在浇注时能顺利排出。

(6)利用压缩空气吹砂型或泥芯的砂子时,须降低压力,佩戴符合要求的口罩、皮靴、防护眼镜等,以免砂粒吹进体内伤人。

(7)使用造型机、震动机、上砂机、捣固机时,身体要离开震动和转动部位,以免碰伤、砸伤、划伤、挤伤。

(8)用喷灯烘烤砂型时,油装得不要太满,不要用打火机、火柴直接点燃喷灯,宜用废纸点燃,以免烧伤。

(9)浇注包中的金属液不能太满,一般不能超过容量的80%;剩余金属液不得乱倒,铸件完全冷却后才能用手接触。

(10)锤击去除浇冒口时,应注意敲打方向,不要正对他人。

11.2.2　压力加工实习中的安全

1. 压力加工的不安全因素

金属压力加工,包括自由锻造、模型锻造和冷冲压,它们的工艺过程都是对金属施加冲击力(或压力)使金属改变形状。其机械设备或工具均处于连续锻击的运动状态,引起十分强烈的振动。强烈的振动通过手持工具或地面传到人体,若长年积累会致振动病,表现为手麻、手痛、关节痛和神经衰弱等。

和振动相伴而来的就是噪声。噪声会使人的注意力分散、烦躁,若长期暴露于噪声环境中,听觉器官和其他系统会受到损伤而发生病变,从而引起噪声性疾病。

运动中的机械,极易发生机械碰击,直接伤害人体。除冷冲压外的其他压力加工工种,金属是在高压状态下受力变形,存在着高温、热辐射的不安全因素。

2. 压力加工实习中的操作要求

金属压力加工中的安全保护,主要为以下几项。

(1)进入金属锻造(或冲压)车间必须穿戴工作服、隔热胶(皮)底鞋、安全帽;噪声强烈时,应戴上防噪声耳塞。

(2)工作前应认真检查机电设备、辅助设备、工具、模具、液压管道等是否安全可靠,严格遵守安全操作规程。并按规定将锤头、锤杆、上下砧面、工具等预热,预热温度一般为100～200 ℃。

(3)往加热炉装料和出料时,不得用力过猛或乱撞炉膛;吊车吊运红热锻件时,除指挥吊运人员外,其他人员应主动避开,更不得处于吊运物体的下方。

(4)安装模具或检查锻、冲机床时,必须关闭电源,并采取安全措施;工作中严禁将头、手和身体其他部位伸入机床的行程范围之内。

(5)严禁锻打过烧或低于终锻温度的锻件。

(6)锻造时,不得在容易飞出毛刺、料头、铁渣、火星的方向或区域停留;不得用手或脚清除砧面上、炉膛内的氧化皮,不得用手直接触摸锻件和工具。

(7)不允许用剪床剪切淬火钢、高速钢、铸铁等高硬度脆性材料。

(8)冷冲压生产操作简单而又重复、速度高,精神必须集中,不能东张西望;每次操作完毕,手或脚必须离开控制按钮或踏板。

(9)各种锻压机床的齿轮传动或皮带传动部分都设置有安全防护罩,防止人体误入受到伤害。

11.2.3　金属热处理实习中的安全

1. 金属热处理中的不安全因素

金属热处理中的正火、淬火、退火、回火和渗碳处理等的高温金属会对人体造成灼伤。

金属加热所需的能源多数来自电能,电能的使用,有触电的潜在危险。

处于高温状态的较重热处理件,均用吊机进行操作,有可能因吊机故障或人员操作失误而造成伤害事故。

2. 金属热处理实习中的操作要求

热处理工作者必须熟悉热处理设备和工艺的安全技术,才能保证安全生产,不断提高劳动生产率和保证产品的高质量。

(1)在操作前,首先要熟悉热处理工艺规程和所使用的设备。

(2)在操作时必须穿戴好必要的防护用品,如工作服、手套、防护眼镜等;进行强腐蚀作业后,应用1%硫酸亚铁溶液洗手,再用肥皂和清水洗净。

(3)加热设备和冷却设备之间,不得设置任何妨碍操作的物品。

(4)混合渗碳剂、喷砂等应在单独的房间进行,并应设置强力的通风装置。

(5)设备危险区,如电炉的电源引线、汇流条、导电杆和传动机构等,应当用铁丝网、栅栏等加以保护。

(6)热处理用全部工具,应当有条理放置;不许使用残破的、不合适的工具。

(7)车间的出入口和车间内的通道,应当通行无阻;在重油炉的喷嘴及煤气的烧嘴附近应当安置用来灭火的砂箱,车间内应放置灭火器。

(8)工件进入盐浴炉前必须烘干;工件进入油槽淬火时,应特别注意防止工件露出油面引起燃烧对人烧伤;凡已经过热处理的工件,不要用手去摸,以免工件未冷而造成灼伤。

(9)高频感应加热操作时,应当注意冷却水洒在地板和其他地方,操作的地板上应铺胶皮垫。

(10)矫正工作时,工作地应处于适当位置,防止工件折断崩出。

11.2.4 焊接实习中的安全

1. 焊接中的不安全因素

电弧焊、埋弧焊、电阻焊、气体保护焊等的动力来源均是强大的电流。电流在绝缘的载体内流动,对人体无害。但一旦暴露与人体接触时,就会对人体造成电击、电伤。

电弧焊工艺过程会产生为数甚多的无机性烟尘和废气,若在高浓度的环境中,短时间就会产生呼吸困难进而窒息;若长期在低浓度环境中,经过呼吸进入肺部,会令人患难以治疗的电焊工尘肺;电焊烟尘、废气经呼吸入血液,会导致人体植物神经功能混乱;其中的氟,若长期积蓄于人体骨骼中,会形成骨质硬化性改变的氟骨症。

电弧焊工艺过程还会产生电弧,电弧温度高达3 000 ℃以上。在此温度下可产生大量紫外线,作用于人眼,使人眼产生急性角膜、结膜炎,称为电光性眼炎。

2. 焊接实习中的操作要求

(1)电焊机二次线圈机外壳必须妥善接地,其接地电阻不超过400 Ω;一次与二次线路必须完整,易于辨认,其线路绝缘必须良好。

(2)电焊机要放置在易散热的地方,其温度不超过70 ℃。每台电焊机要装一个电闸;电焊机移动时,应先将电闸拉开,彻底切断电源。

(3)所用电焊机手把必须完整,有可靠的绝缘设施,必要时另加防护板。

(4)在工作前后检查接地是否牢固,工具是否完整,排除焊接引起燃烧等不安全因素。

(5)在金属容器内进行焊接时,外面必须有专人监护,应有足够通风。

(6)不准焊接或切割受力构件或内有压力的容器。如焊、割装过易燃物品或油类的容器时,应先清洗干净并将盖子打开,口向上放置再进行焊接。

（7）不要让不戴防护面具的人看电弧光,清除熔渣铁锈时应戴防护眼镜。

（8）工作前应对焊件进行仔细检查,检查是否存放过易爆物品,并作好防护措施;工作时要使用好防护用品,如绝缘手套等,严禁穿凉鞋或短裤、湿衣服、湿鞋等进行工作。

（9）下雨天不得在漏天场地进行电焊操作。

（10）不要把电焊钳乱放,要放置在安全的地方;焊接完毕后,应及时清理操作场地,消灭火种。

（11）进行电焊操作必须戴面罩,以防电弧光伤害面部和眼睛。

（12）操作时要穿较厚工作服,戴脚罩,防止金属飞溅烫伤。

（13）乙炔瓶附近禁止有明火,搬运及安放时应垂直竖立。

（14）不得将焊钳放在工作台上,以免短路烧坏焊机。工作暂停时必须切断电源。

（15）工作完毕必须灭掉火种,拉下电闸,关闭气瓶气阀,清扫场地,保持卫生,经指导人员同意方能离开。

11.2.5　钳工操作中的安全

1. 钳工操作中的不安全因素

钳工操作虽然以劳动者的双手为主,但也存在不安全因素。錾削时挥动锤子,就可能脱锤伤人;锯削用力不当可能造成断锯刺伤;钻削时可能因工件的毛刺刮伤肌肤;旋转运动的钻床,亦有可能造成人身伤害事故。

2. 钳工操作中的操作要求

（1）钳工设备的布局:钳台要放在便于工作和光线适宜的地方;钻床和砂轮机应安装在场地的边沿,以保证安全。

（2）使用的机床、工具要经常检查,发现损坏应及时上报,在未修复前不得使用。按规定润滑机床。

（3）使用电动工具时,要有绝缘防护和安全接地措施。使用砂轮时,要戴好防护眼镜,在钳台上进行錾削时要有防护网。

（4）毛坯和加工零件应放置在规定位置和周转箱内,排列整齐平稳,要保证安全,便于取放,并避免碰伤已加工表面,注意防锈。

（5）工具、量具的放置要条理有序。在钳台上工作时,为了取用方便,右手取用的工、量具放在右边,左手取的工、量具放在左边,各自排列整齐,不能使手伸到钳台边以外;锉刀不可重叠堆放,以免碰掉锉齿尖;量具和工具或工件不能混放在一起,量具应放在专用盒内或专用板架上;常用的工量具,要放在工作位置附近;工量具要整齐地放入工具箱内,不应任意堆放,以防损坏,并取用方便;用虎钳夹持工件时,禁止用手锤或重物敲击手柄,也不许在手柄上加用加力杠,以免损坏螺母;用虎钳夹持已加工过的工件表面时,应加辅钳口,以免夹伤工件表面。

（6）錾削时,检查锤头是否松动,锤柄有无裂纹;挥锤时应看周围是否有人;他人靠近操作者,也应注意其动作,必要时可进行呼唤,以防发生意外。

（7）锯割时,锯齿的方向必须顺着推的方向;锯条松紧要合适,过松过紧都易折断锯条;钳台要稳固,工件要夹持牢固,否则,容易折断锯条,甚至伤人。

（8）锉削时,锉刀无柄或柄损坏,都不准使用;由于锉刀脆硬,所以它不能当手锤或撬棍用;放置时,锉刀切勿露出钳工台外面,以免折断;锉刀和工件不得沾油污,不得用手摸,以免打滑。

(9)操作砂轮、钻床、挥手锤,严禁戴手套,以免造成人身事故。

(10)不擅自使用不熟悉的机床和工具,熟悉的也要经指导人员同意后,才能使用。

(11)清除切屑要用刷子,不要用嘴吹,更不要用手直接去抹、拉切屑,以免划伤。

(12)要经常检查所用的工具和机床是否损坏,发现有损坏不得使用,须修好后再用。

11.2.6 机械切削加工实习中的安全

1.机械切削加工中的不安全因素

机械切削加工主要是在工件与刀具之间,经由切削机床产生旋转或往返的相对运动,将工件多余部分切除,以达到设计的要求。因此,机械相对运动所产生的碰撞、碾轧,也有可能对人体造成严重伤害。

在切削刀具的作用下形成各种金属材料的切屑,多数具有锋利的刃口,极易损伤人体肌肤。

各种机床的动力来源亦来自电能,人体可能受电击造成人身事故。

2.机械切削加工实习中的操作要求

1)车工实习中的安全操作规程

(1)穿戴紧身的工作服和合适的工作皮鞋,不戴手套操作,长头发要压入帽内。

(2)选用高度合适的工作踏板和防屑挡板。

(3)两人共用一台车床时,只能一人操作(采取轮换方式进行),并且注意他人安全。

(4)卡盘扳手使用完毕后,必须及时取下,否则不能启动车床。

(5)机床运转前,各手柄必须推到正确的位置上,然后低速运转 3~5 min,确认正常后,才能正式开始工作。

(6)机床运转时,头部不要离工件太近,手和身体不能靠近正在旋转的工件。

(7)机床运转时,不能用量具去测量工件尺寸,勿用手触摸工件的表面。

(8)高速切削时,要戴上工作帽和防护眼镜,以防切屑伤害。

(9)使用摇动手柄时,动作要均匀,同时要注意掌握好进刀与退刀的方向,切勿搞错。

(10)使用锉刀锉削工件时,应采用左手握柄,右手握头的姿势。

(11)使用砂布打磨工件时,最好采用打磨夹子。

(12)常用刀具、量具、工具、夹具及材料、图纸、产品等,应摆放在恰当的位置上,床身导轨面不准摆放物品。

(13)坚持给机床加油润滑的保养制度,做好班前、班后的给油工作,保证机床有良好的润滑状态。

(14)工作结束后,要及时关闭电源,清除切屑,养护机床,清扫环境及整理工作场地。

2)铣工实习中的安全操作规程

(1)进车间必须穿戴好工作服,女同学要戴工作帽,不准穿拖鞋、凉鞋、高跟鞋、裙服、戴围巾等,严禁戴手套操作。

(2)开动机床前要认真检查手柄位置是否正确,电气开关是否在安全可靠位置,检查旋转部分与机床周围是否碰撞或有不正常现象。

（3）多人共用一台机床时，只能一人操作，严禁两人同时操作，并注意他人人身安全。

（4）工件和刀具装夹要牢固可靠，锁紧限位挡铁，扳手使用完毕后，必须及时取下。

（5）机床开动时，不能和铣床靠得太近，注意头部不要碰到横梁和吊架。

（6）加工过程中，不能用手触摸铣刀、工件的表面或其他旋转的部件，也不得用量具测量工件的尺寸。

（7）严禁开车变换铣床转速，以免发生人身和设备安全事故。

（8）发生事故时，应立即关闭电源，并报告指导人员。

（9）工作结束后，关闭电源、清除切屑，认真擦拭机床、工具、量具和其他辅具，加油润滑，以保持良好的工作环境。

（10）工作前检查机床安全防护装置、保险附件是否齐全。工作台面与导轨面不准存放工具和其他物品。

（11）工件、刀具或夹具都应牢固夹紧，不得有松动现象，吃刀不得太猛。

（12）自动进刀时，要将限位挡铁安装在限位范围内，不许两个方向同时走刀。工作中不得突然改变进刀速度。

（13）装卸工件时必须停止铣刀旋转，对于较大工件，事先要垫好木板并由他人协助进行。

3）磨工实习中的安全操作规程

（1）开车前应认真检查各手柄、手轮是否在适当位置，砂轮、垫圈帽是否松动，各种防护装置是否齐全。

（2）换装砂轮时，应先检查砂轮有无裂纹。紧固时，两边垫圈要平均接触，夹力要适当。试车时必须站在砂轮侧面。

（3）开车后先空转 3～5 min，试看一切是否正常。磨工件时，要进刀均匀，不要用力过猛，不得撞击，有快速进给的要保持适当距离。

（4）使用自动进给时，必须把挡铁固定在所需位置，不得随意扳动。

（5）使用合金顶尖时，应经常检查是否有裂痕；使用普通顶尖时，应注意检查是否有磨损。

（6）不是专用的侧面砂轮，严禁在其侧面磨工件。

（7）停车时，必须待砂轮自然停止，严禁用手或其他物件强力制止。

（8）机床在运转中，不准用手抚摸工具或砂轮，更换工件或离开机床时，必须停车。

（9）操作时，严禁戴手套、围巾。

4）刨工实习中的安全操作规程

（1）工作台和滑枕的调整不能超过极限位置，以防发生人身和设备事故。

（2）开动刨床后，滑枕前禁止站人，以防发生人身危险。

（3）学生进车间实习，必须穿好工作服，佩戴防护眼镜，女生必须戴工作帽，长发压入帽内，以防发生人身危险。

（4）开车前应对机床各部位进行润滑。

（5）操作前必须检查机床各部位是否完好，各手柄是否都在所需位置上，并开空车运转 1～2 min。

（6）开车前应注意行程长短，特别是在刀架倾斜时，以免发生碰撞。

（7）严禁开车时变速调整机床、清除铁屑。测量工件时必须停车。

（8）调整机床后，手柄应及时拿下，以免开车转动伤人。

（9）装夹大型工件，应尽量利用起重设备或请别人帮忙，防止碰伤身体或机床。

（10）不准在工作台和横梁上放置任何物品，工作台上的铁屑应随时清除掉，以免妨碍工件的装夹。

（11）不能二人同时操作一台机床，机床开动时应前后照顾，防止损坏机床设备和工件，防止人身事故发生。

（12）禁止在机床运行时离开机床，须做到人走车停、人走灯灭。

（13）不能用手摸正在加工的工件表面，清除切屑要用刷子或专用工具。

（14）不能随便摆弄机床电器，电源突然中断或机床发生事故时，要立即停车，并拉下闸刀，请电工或维修人员检修。

（15）不准戴手套操作机床。

（16）工、卡、量具，毛坯，成品等应摆放整齐，防止损坏变形。

（17）工作完毕要关闭机床和电机，拉下开关，把机床擦拭干净，并加好润滑油。

（18）注意工作场地的清洁和卫生，对妨碍工作的废物，要随时清除掉。

（19）不准站在运行着的滑枕前查看工件或参观。

（20）如较长时间停止工作，应将工作台和滑枕停放在适当的位置上，使工作台或滑枕的重量均匀地分布在导轨上，以免因机床长期受力不均而产生变形。

附录1 天津商业大学金工实习管理规定

金工实习是一门实践性技术基础课,由教务处、金工教研室、外协实习基地共同完成。本课程的设置目的在于使学生接触生产实际,获得机械制造一般过程的感性认识;进行有关实践技能训练,培养一定动手能力;掌握机械制造过程的基本知识,为今后从事制造和设计方面的工作打下坚实的实践基础,为后续课程及毕业后工作打下良好的实践基础;在劳动观点、质量和经济观念、理论联系实际和科学作风等工程技术人员应具有的基本素质方面受到培养和锻炼;同时,进行综合能力素质的训练。综合素质训练包括:①技术训练;②工程训练;③创新性训练;④自信心训练;⑤灵活性训练;⑥职业精神培养;⑦社会交往等。

为提高教学质量,保障学生及设备安全,特制定如下管理规定。

一、实习安排

(1)实习时间安排在气温适中的春秋两季。气温太高,学生不能穿工作服(工作服太厚),为一安全隐患;太冷时,衣着臃肿,且有些工艺徒手操作冻手。

(2)实习时间不能安排在开学第一周(因为实习前期工作难以有效完成,且如学生不能按时报到,其前期实习必然受到影响,后续实习安全性难以保证)。实习时间也不能安排在学期最后一周,以保证后续收尾工作完成。

(3)实习时间不能包含五一或国庆黄金周,因为外协实习基地放假时间也许和我校不统一,难以协调。

(4)同一批实习学生不能超过150人,否则机床难以分配,外协实习基地难以容纳。尽量不安排学生早班、中班实习。

二、实习程序

(1)制订实习计划。参与实习学生名单分别由教务处、学生所属学院在上一学期末提供给授课教师。对于身体虚弱,特别是有低血压、低血糖、贫血、心脏病、心律不齐以及其他不适宜进行中等强度劳动疾病的同学需特别注明并通知授课教师。授课教师参考医嘱决定是否允许参加实习。对于未年满18岁、无完全民事行为的学生,也应特别注明,以便教师特别关注。

(2)实习前一周,授课教师召开实习动员会,说明实习意义、实习安排、实习地点、实习守则、实习安全规定等有关事项,全体实习学生必须参加,并在《实习安全规定承诺书》上签字。因故未参加实习动员,且没有签《实习安全承诺书》者,不准参加实习。

(3)学生在校外协作单位实习基地参加实习时,必须与校外实习单位在实习前签订实习协议,规定双方权利义务,特别是规定在实习中发生实习事故的责任认定方法。在实习教学时间内发生事故的,视事实情况由实习单位及学生自己负责。

(4)学生交通由学校统一租用有资质的租车公司的手续齐全、保险完备、保养完好的客车运送。一人一座,不准站立,以保证保险到每个学生。并由学校在实习前和租车公司签订用车协议。班车的起始点一般是学校科学会堂前到实习单位门前。交通期间发生事故视事实情况由学生和租车公司负责。

（5）实习结束后，安排闭卷考试，并综合实习成绩、实习报告给出成绩。

（6）考试结束一周内，由教研室给出实习总结，总结实习中的问题并上报教务处，协商解决，以利于下一学期的实习。

三、金工实习指导教师职责

1. 在编金工教研室授课指导教师

在编金工教研室授课指导教师协助分管实践教学的领导做好金工实习的管理，使实习顺利进行。负责实习方案的制订、实习理论指导；负责实习开始前的安全教育及动员；对学生实习过程中的安全纪律和实习效果进行宏观控制；负责实习结束后的总结、考试、实习报告批改及成绩评判、教学材料归档等工作；完成领导交给的其他工作任务。

为了保证实习过程的顺利进行，在编指导教师在实习过程中应当做到如下要求。

（1）在实习开始之前，必须制订好实习计划并报相关领导批准；必须编写好相关指导书并向学生发放；指导学生领取实习用服装；向现场指导老师提供实习班级的花名册、实习安排表等必要的实习资料。

（2）在学生进入现场实习前，必须申请好教室，并做好实习动员。实习动员的内容应当包含安全教育和相关基础理论教育，即实习管理规章制度，重点在安全教育。

（3）应当每天对每个工种学生的实习过程进行检查，及时发现问题并协助现场指导老师改进。

（4）对学生金工实习进行答疑、组织电教录像、实验、专题讲座、批改实习报告、理论考试。

（5）实习结束后，在编指导教师应当指导学生做好实习报告的书写和批改；做好学生实习成绩的整理、评判和录入工作；做好学生的实习总结。

（6）做好实习材料的整理和归档工作。

（7）完成领导交代的其他相关工作任务。

（8）若实习过程中有安全事故发生，必须及时向分管领导报告并做好事故的初步应急处理。

2. 现场指导教师

（因本校现无金工实习基地，现场实习指导教师由校外外协实习单位负责管理。）

现场指导教师负责对学生进行相应工种的技术操作指导及考核；维护好本工种的实习纪律，负责本工种学生实习过程的安全；负责维护好本工种实习设备；协助管理实习设备。

为了保证实习的顺利进行，每个工种现场指导教师还应当做到如下要求。

（1）实习开始前，必须做好本工种的各项准备工作。

（2）必须在实习上课开始前5分钟以上到达岗位，并做好各项准备工作。

（3）在上课前，必须对学生进行考勤；并将考勤结果在每天下班前上交给在编指导教师。

（4）在让学生操作前，必须进行相关的安全操作规程教育和培训，且要保证每一个同学都听到。

（5）在让学生上机操作前，必须对每个学生是否会操作机器进行考核，只有考核合格后才能让学生上机，否则应当禁止学生上机。

（6）必须在现场指导学生，不能擅自脱离岗位；若有事情需要离岗，须向在编指导教师请假,并由指导教师协调;对学生违反安全操作的行为,应及时制止、劝阻,不听劝告时,可报告领导,停止其实习。

(7)实习结束后,现场指导教师应当指导学生做好相关设备、耗材使用情况的登记。

(8)实习结束后,现场指导教师应当及时向在编指导教师上交学生的成绩和相关表格资料(设备、耗材使用登记表等资料)并让指导教师签字作凭证。

(9)若实习中发生实习事故,必须及时向相关在编指导教师报告,并做好救伤的初步处理。

四、学生实习管理规定

(1)在实习过程中,学生因病不适合参加某工种实习,经学生所在系和金工实习中心负责人认定,可以作病假处理。因病假所缺的实习时数(三天以上,下同),需要按教学计划补足。

(2)学生必须端正实习态度,努力完成实习任务。实习中要虚心、认真地向实习指导人员学习,向生产实践学习,要尊重实习指导人员,听从指挥,细心听讲,仔细观察,认真操作,独立完成实习件的加工,并在思想作风方面得到锻炼。要精心操作,严格遵守安全操作规程、各项规章制度和劳动纪律。不准看与实习无关的书籍和杂志或参与其他活动。如发现一边实习,一边听收音机、MP3,看杂志书籍者,指导教师要批评教育。如学生接受批评,可继续实习,书籍、杂志等其他无关物品交由实习指导教师保存,实习结束后发放;如不接受批评,或不能改正,现场指导教师及在编授课指导教师均有权停止其实习。

(3)实习操作前必须穿好工作服和其他安全防护装备,实习时不准穿高跟鞋、凉鞋、拖鞋等不适合工作的鞋子,不准戴围巾。在切削加工实习时不准戴手套,有条件应戴平光护目镜。长发者要戴帽子,并把长发装进帽子。如发现穿裙子、短裤、汗背心、拖鞋、高跟鞋和长发者进入实习场地,一律停止实习,服装合格后再进入实习场地。

(4)严格控制请事假。如遇急事需要请事假者,必须提前按学校规定办理批准手续,并向指导教师请假。超过三天,本学期不能评定实习成绩。实习学生因文艺演出、体育比赛等活动需要请公假的,需出具教务处提供的公假单。实习学生在实习期间除了上述的病假、事假、公假之外,其他情况一律作旷课处理,旷课三天及以上者,取消实习资格,成绩以零分计。

(5)鉴于实习工种工艺的连续性,人身及设备安全的必要性,每个工种第一天实习旷课者,本工种取消实习资格,其他工种可继续实习。

(6)因学生个人原因发生设备事故及人身事故,责任人实习操作成绩以零分计,并负全部责任。

(7)无故旷课或者因学生个人原因没有实习成绩,本学年内不予补修,下学年不能补考,只能重修,重修发生的一切费用,由学生自己负责(注:只重修未实习内容)。

(8)实习期间听从领队教师安排,坐班车要文明乘车,遵守开车时间,注意安全。实习时要认真听讲,精心操作,严格遵守安全操作规程、工厂的各项规章制度和劳动纪律。

(9)进入实习场地,必须严格遵守安全规则,不遵从安全规则者,指导教师应立即停止其实习资格。

(10)爱护国家财产,保管好实习工具,维护保养好实习设备,注意节约,丢失工具要按规定赔偿。

(11)坚持文明实习,每天实习结束后,要整理好实习设备、工具和清洁周围环境。

（12）实习同学必须在指定的机器设备上进行工作，未经许可不得动用他人设备与工具。不得任意开动车间电门。一旦发生事故，必须保护现场，及时报告有关人员。

（13）实习同学要尊敬实习工厂的现场实习指导人员，听从指导，虚心请教，热情而有礼貌，如对指导人员有意见，可向有关方面反映，不得与其争论。

（14）实习结束后，班长收齐实习报告交到指导教师处。

（15）对于学生在实习期间或者班车接送过程中，不听管理、不接受批评教育、实习态度不端正者，实习带队教师（在编指导教师）、岗位指导师傅（现场指导教师）有权停止其实习资格，如果学生认识到错误，并端正态度，允许继续实习，耽误的实习内容尽量安排补上。如果难以补上，造成不及格等其他后果，由学生自己负责。

五、评分规则

（1）金工实习成绩由实习指导教师根据各工种操作成绩及实习报告和考试成绩给出。操作占60%，实习报告占10%，考试或总结占30%。

（2）金工实习时数欠缺三天以上未补足的，总成绩暂不评定，直到补足实习时数后才评定总评成绩；一个学期内未补足实习时数的，金工实习成绩为不及格。

（3）如旷课达到实习时间的三天以上，或有作弊行为，金工实习成绩为不及格。对金工实习成绩不及格的学生，按学分制管理规定重修。

（4）每完成一个工种的实习，指导教师应给学生记一个操作成绩（百分制）。

（5）迟到、早退、串岗和看与实习无关书籍，实习时听音乐等，发生一次，实习总分扣除10分。

（6）不认真打扫整理实习环境和保养设备等，发生一次，实习总分扣5分。

六、执行时间及实施单位

本规定自2011年1月1日起试行，由金工教研室、教务处、各二级学院及实习单位负责实施。

附录 2　金工实习报告

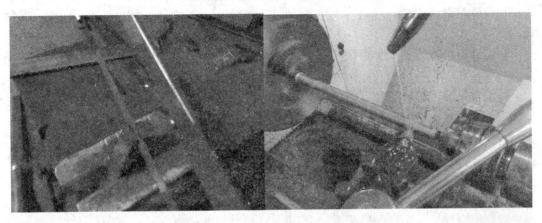

专业班级＿＿＿＿＿＿＿＿＿

姓　　　名＿＿＿＿＿＿＿＿＿

成　　　绩＿＿＿＿＿＿＿＿＿

教　　　师＿＿＿＿＿＿＿＿＿

日　　　期＿＿＿＿＿＿＿＿＿

铸造实习报告

一、填空题

1. 铸造的基本过程是＿＿＿＿＿＿＿和＿＿＿＿＿＿＿。

2. 型砂是由＿＿＿＿＿＿、＿＿＿＿＿＿、＿＿＿＿＿＿和＿＿＿＿＿混合而成。

3. 型砂应具备的主要性能有＿＿＿＿＿＿、＿＿＿＿＿＿、＿＿＿＿＿＿和＿＿＿＿＿＿。

4. 最常见的铸造缺陷有＿＿＿＿＿＿、＿＿＿＿＿＿和＿＿＿＿等。

5. 举出六种常用的手工造型方法＿＿＿＿＿＿、＿＿＿＿＿＿、＿＿＿＿＿＿、＿＿＿＿＿＿、＿＿＿＿＿＿、＿＿＿＿＿＿。

6. 挖砂造型时,挖砂的深度应该达到＿＿＿＿＿＿＿＿＿＿＿＿。

二、填表题

常见的铸造缺陷及产生原因

缺陷名称	产生原因
气孔	
缩孔	
砂眼	
错箱	

三、简答题

1. 浇注系统由哪几部分组成? 各有什么作用?

2. 标注下面铸型装配图和带有浇注系统的铸件图中各部分的名称。

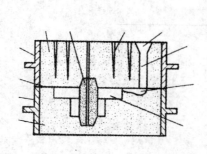
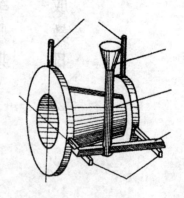

3. 下列零件该采用什么造型方法？分型面在哪里？写出其铸造工艺过程。

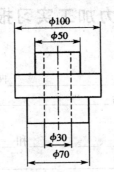

压力加工实习报告

一、填空题

1. 锻压包括＿＿＿＿＿＿＿和＿＿＿＿＿＿＿＿＿两类工艺。

2. 锻造生产的过程主要包括＿＿＿＿＿、＿＿＿＿＿、＿＿＿＿＿和＿＿＿＿＿等。

3. 下料的方法主要有＿＿＿＿＿、＿＿＿＿＿和＿＿＿＿＿。

4. 锻件冷却的方法有＿＿＿＿＿＿和＿＿＿＿＿＿。

5. 空气锤的基本动作包括＿＿＿＿＿、＿＿＿＿＿、＿＿＿＿＿和＿＿＿＿＿等。

6. 自由锻造的基本工序有＿＿＿＿＿、＿＿＿＿＿和＿＿＿＿＿等。

7. 自由锻造按照锻造实施阶段和作用的不同,可分为＿＿＿＿＿、＿＿＿＿＿和＿＿＿＿＿。

8. 冲压的基本工艺包括＿＿＿＿＿、＿＿＿＿＿、＿＿＿＿＿和＿＿＿＿＿等。

二、简答题

1. 常见的加热缺陷有哪些? 控制这些缺陷的方法有哪些?

2. 镦粗时,对坯料的高径比有何限制? 为什么?

3. 冲孔和落料的区别是什么?

4. 自由锻造的特点和适用范围如何?

焊接实习报告

一、填空题

1. 焊接的种类有_____、_____、_____。

2. 手工电弧焊机有_____、_____。

3. 常用的焊接接头形式有_____、_____、_____、_____。

4. 实习中用的 BX3—330 型弧焊机,"B"表示_____、"X"表示_____、"3"表示_____、"330"表示_____。其初始电压为_____,空载电压为_____,工作电压为_____。

5. 你在手工电弧焊对接练习中,使用的焊条牌号为_____,焊条直径为_____,采用的焊接电流为_____A。

6. 氧气切割和气焊的本质不同:气焊是_____金属,而氧气切割是_____。

二、简答题

1. 说明电焊条的组成部分及作用。

2. 焊接构造生产中常见的焊缝缺陷主要有哪些? 有哪些方法可以检查焊缝内部缺陷?

3. 叙述金属氧气切割条件。

4. 简述气焊火焰的种类和适用范围。

5. 手工电弧焊的安全技术主要有哪些?

6. 钎焊时,钎料和钎剂的作用是什么?

7. 氩弧焊和二氧化碳气体保护焊的应用范围是什么?

钳工实习报告

一、填空题

1. 钳工的基本操作有_____、_____、_____、_____、_____、_____和_____等。

2. 划线可分为_____和_____两种。

3. 锉刀种类有_____、_____、_____。普通锉刀按截面形状有_____锉、_____锉、_____锉、_____锉、_____锉。

4. 锉削平面的方法有_____、_____、_____三种。一般粗锉时采用_____锉法，精锉时采用_____锉法。

5. 锯条的锯齿排列多为_____形，目的在于减少_____与_____间的摩擦。

6. 钻床的种类有_____、_____和_____。

二、判断题（正确的打√，错误的打×）

1. 切削加工每一道工序前均需划线。 （   ）

2. 锉削软材料时选用粗锉，锉削硬材料时选用细锉。 （   ）

3. 立体划线必须在平台上进行。 （   ）

4. 钻削时，主运动和进给运动都是由钻头完成的。 （   ）

5. 锯割时，只要锯条安装正确就能顺利地进行锯割。 （   ）

三、选择题

1. 锉削时，锉刀的用力应是在（   ）。

A. 推锉时　　　　　　　B. 拉回锉刀时　　　　　　C 推锉和拉回锉刀时

2. 手工起锯的适宜角度为（   ）。

A. 0°　　　　　　　　　B. 约15°　　　　　　　　C. 约30°

3. 锉削铝或紫铜等软金属时，应选用（   ）。

A. 粗齿锉刀　　　　　　B. 细齿锉刀　　　　　　　C. 中齿锉刀

4. 安装手锯锯条时（   ）。

A. 锯齿应向前　　　　　B. 锯齿应向后　　　　　　C. 向前或向后都可以

5. 用手锯锯割时，一般往复长度不应小于锯条长度的（   ）。

A. 1/3　　　　　　　　　B. 2/3　　　　　　　　　C. 1/2

四、简答题

1. 锯条的选择根据什么原则？

锯断下列加工件使用何种锯条？

①铝块（30×20×50）：

②扁钢（16×4×50）：

③钢管（外径 $\phi9$，内径 $\phi6$）：

④角铁（30×30×4）：

2. 攻丝和套扣有何区别？螺丝规格为 M10 × 1.5 的螺纹底孔直径如何计算？

3. 试述麻花钻的主要组成部分及作用。

4. 写出你实习中所用钻床的名称、特点及应用范围。

5. 写出金工实习中你做的考核件的工艺过程。

车削加工实习报告

一、填空题

1. 车削时,主运动是_____,进给运动是_____。

2. 车床主要用于加工_____表面,其中包括_____、

_____、_____、_____、_____

等。

3. 某车床的横向进给手轮上刻度盘的刻度值每格为 0.02 mm,若要使工件直径减小 0.8 mm,则刻度盘应转_____格。

4. 车削用量三要素指_____、_____、_____。

5. 车床上刀架是由_____、_____、_____

和_____组成的。

6. 车刀经常使用的两种材料是_____、_____。

7. 车削外圆锥面的方法有_____、_____、_____。

二、判断题(正确的打✓,错误的打×)

1. 要改变转速,必须停车进行。 (   )

2. 为提高车床主轴的强度,主轴一般为实心轴。 (   )

3. 在切削过程中,待加工表面、过渡表面和已加工表面的面积和位置是不断变化的。

(   )

4. 车削任何螺纹时,都应使螺纹车刀刀尖角与螺纹牙型相符。 (   )

5. 双手控制法可以加工成形面。 (   )

6. 用顶尖安装工件时,端面必须车平,然后钻中心孔。 (   )

7. 跟刀架固定在纵溜板上,并随之一起移动。 (   )

8. 四爪卡盘自动定心,无须找正。 (   )

9. 中心架不能安装阶梯轴。 (   )

10. 花盘和弯板安装效率较低。 (   )

11. 为了保证工件达到图样所规定的精度和技术要求,夹具上的定位基准应与工件上的 设计基准、测量基准尽可能重合。 (   )

三、简答题

1. 你实习使用的车床型号为_____,写出各字母及数字所表示的含义。

2. 画出车刀简图,标注刀具三面二刃一尖的位置,并简要说明各主要角度的作用。

3. 简述车削加工的一般方法。

4. 拖板手柄刻度盘的切削深度是外圆余量的多少？如刻度每转 1 格，车刀横向移动 0.05 mm，则将直径为 50.8 mm 的工件车至 49.2 mm，应将刻度盘转过多少？

5. 光杠、丝杠的作用是什么？车外圆用丝杠带动刀架，车螺纹用光杠带动刀架，是否可行？为什么？

6. 试切的目的是什么？结合实际操作说明试切的步骤。

铣削加工实习报告

一、填空题

1.常用铣床有＿＿＿＿＿＿＿＿和＿＿＿＿＿＿＿＿两种,它们在结构上的主要区别是＿＿＿＿＿＿＿＿＿＿＿＿＿＿＿＿。

2.铣削时的主运动是＿＿＿＿＿＿＿＿,进给运动是＿＿＿＿＿＿＿＿。

3.铣削的加工范围包括＿＿＿＿＿＿、＿＿＿＿＿＿、＿＿＿＿＿＿、＿＿＿＿＿＿、＿＿＿＿＿＿和＿＿＿＿＿＿。

4.铣床的主要附件有＿＿＿＿＿＿、＿＿＿＿＿＿、＿＿＿＿＿＿、＿＿＿＿＿＿。

5.铣削加工后的尺寸公差等级一般为＿＿＿＿＿＿＿＿。表面结构值 Ra 一般为＿＿＿＿＿＿。

6.铣削尺寸为 50 mm×100 mm 水平面,选用＿＿＿＿＿＿＿＿机床,＿＿＿＿＿＿＿＿刀具。铣削轴上的开放键槽,最好选用＿＿＿＿＿＿＿＿机床,＿＿＿＿＿＿＿＿刀具。铣削 V 形槽时,最好选用＿＿＿＿＿＿＿＿机床,＿＿＿＿＿＿＿＿刀具。

7.铣床上常用的工件装夹方法有＿＿＿＿＿＿＿＿、＿＿＿＿＿＿＿＿和＿＿＿＿＿＿＿＿。

二、判断题(正确的打✓,错误的打×)

1.铣削时的切削速度就是铣刀每分钟的转数。 （ ）

2.改变铣床主轴转速时必须停车进行,否则将损坏机床。 （ ）

3.铣削齿轮多用于加工精度不高的单件或小批量生产。 （ ）

4.铣削可以代替刨削加工平面、沟槽和成形面。 （ ）

三、简答题

1.简述铣床的加工特点及其加工范围。

2.试述万能分度头的工作原理。铣削 35 个齿的齿轮时,试计算每铣一齿,分度头手柄摇动的转数。

3.铣刀与车刀相比较,它的主要特点是什么?

4. 下图为 X6125 铣床，在图上填出其各部分结构名称。

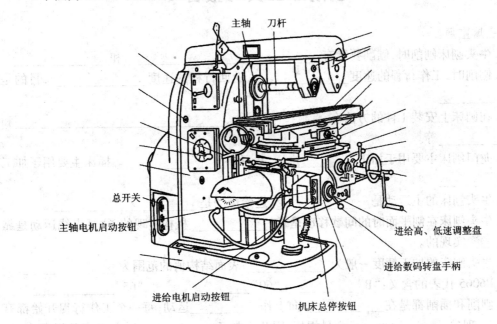

主轴　刀杆

总开关

主轴电机启动按钮

进给高、低速调整盘

进给数码转盘手柄

进给电机启动按钮

机床总停按钮

刨削加工实习报告

一、填空题

1. 牛头刨床刨削时,刨削要素有_____、_____和_____。

2. 刨削时,工作行程的速度_____,返回行程的速度_____,目的是_____。

3. 在刨床上安装工件的方法有_____、_____和_____等。

4. 龙门刨床主要用于加工_____和_____。插床主要用于加工_____。

5. 牛头刨床的主运动是_____,进给运动是_____。

6. 牛头刨床在刨平面时的间歇移动是靠_____机构实现的,往复直线运动是靠_____实现的。

7. 牛头刨床的加工精度一般为_____,表面结构值的范围为_____。

8. B6065 代表的含义:"B"_____、"60"_____、"65"_____。

9. 刨削和插削都是在_____方向上作_____运动,每一个工作行程开始都有_____现象,_____容易损坏,因此限制了_____生产率的提高。

10. 龙门刨床的主运动是_____,进给运动是_____。

二、判断题(正确的打√,错误的打×)

1. 刨削是连续切削,其主运动的速度是不变的。 (　　)

2. 刨削时主运动是直线运动,故只能加工平面而不能够加工曲面。 (　　)

3. 刨削加工是一种高效率、高精度的机械加工方法。 (　　)

4. 牛头刨床工作行程的速度和返回行程的速度不相等,所以工作行程和返回行程的长度也不相等。 (　　)

5. B6065 表示牛头刨床的最大刨削长度为 65 mm。 (　　)

三、选择题

1. 刨削时,刨刀完成切削的运动方向是(　　)。

A. 前后往复运动　　　　　　B. 向后运动　　　　　　　　C. 向前运动

2. 牛头刨床的主运动是(　　)。

A. 工件的间歇直线移动　　　　　　　　B. 刀具的来回往复运动

C. 工件的来回往复运动　　　　　　　　D. 刀具的间歇直线移动

3. 插床的主运动是(　　)。

A. 滑枕在垂直方向作往复移动　　　　　　B. 工作台的横向或纵向运动

C. 工作台的转动

四、简答题

1. 刨削加工特点是什么? 能加工哪些表面?

2.插床主要加工哪些零件?

3.简要说明刨削加工六面体的具体步骤。

4.为什么拉削适合大批量加工?

磨削加工实习报告

一、填空题

1.磨削用量三要素是指＿＿＿＿＿＿＿，＿＿＿＿＿＿＿＿＿和＿＿＿＿＿＿＿＿＿。

2.外圆磨床分为＿＿＿＿＿＿＿＿＿，＿＿＿＿＿＿＿＿和＿＿＿＿＿＿＿＿＿。

3.砂轮是磨削用的切削工具,是由＿＿＿＿＿＿＿,＿＿＿＿＿＿＿和＿＿＿＿＿＿构成的多孔物质。

4.磨平面的方法有＿＿＿＿＿＿＿,＿＿＿＿＿＿＿,＿＿＿＿＿＿和＿＿＿＿＿。

5.砂轮硬度越高,磨料颗粒越＿＿＿＿脱落。磨料粒度号数越小,磨料颗粒尺寸越＿＿＿＿,磨出的表面结构越＿＿＿＿。所以粗磨时,用＿＿＿＿＿。

6.横向磨削是在被磨削的磨削长度＿＿＿＿砂轮的宽度时采用的。

7.磨削加工的公差等级为＿＿＿＿＿,表面结构值 Ra 一般为＿＿＿＿＿。

8.磨削加工的主运动为＿＿＿＿＿。

9.磨削细长轴一般用＿＿＿＿＿安装,磨削短轴可以采用＿＿＿＿＿安装。磨削孔可以采用＿＿＿＿＿安装。

二、选择题

1.磨削钢料及一般刀具,选用(　　)砂轮。

A.刚玉类　　B.碳化硅类

2.磨削铸铁、青铜等脆性材料及硬质合金刀具选用(　　)砂轮。

A.刚玉类　　B.碳化硅类

三、简答题

1.砂轮安装前应做好哪些工作?

2.万能外圆磨床与普通外圆磨床有什么区别?

3.在平面磨床上磨小工件时,为什么在工件两端加挡铁?

4.磨床上的顶尖和车床上的顶尖有什么不同? 为什么?

5.砂轮的粒度、硬度该怎样选择?

四、要磨削下列标注表面结构要求的零件表面,请填空并回答有关问题。

1.磨平面(图1)

①选用磨床类型:＿＿＿＿＿＿＿。

②选用装夹方法:＿＿＿＿＿＿＿。

2.磨外圆(图2)

①选用磨床类型:＿＿＿＿＿＿。

②选用装夹方法:＿＿＿＿＿＿。

③台阶面能否与外圆在一次装夹中磨削? ＿＿＿＿＿＿。

3.磨内孔(图3)

①选用磨床类型:＿＿＿＿＿＿。

②选用装夹方法:＿＿＿＿＿＿。

③台阶面能否与孔在一次装夹中磨削?＿＿＿＿＿＿＿＿。

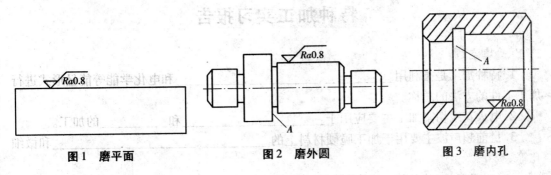

图1　磨平面　　　　　　　图2　磨外圆　　　　　　图3　磨内孔

特种加工实习报告

一、填空题

1. 特种加工是指利用_____、_____、_____和电化学能等能量形式进行加工工件的方法的总称。

2. 电火花线切割加工主要应用于_____、_____和_____的加工。

3. 目前超声波主要用于加工脆硬材料上的_____、_____、_____和微细孔等。

二、判断题(正确的打√,错误的打×)

1. 电火花成形加工时完全不会产生任何切削力。　　　　　　　　　　　　(　　)

2. 在电解加工中,工具电极是阳极,其上只产生氢气和沉淀而无溶解作用,因此工具电极无损耗。　　　　　　　　　　　　　　　　　　　　　　　　　　　(　　)

3. 激光加工的加工范围非常广泛,加工质量也很好,但加工效率较低。　(　　)

三、简答题

1. 特种加工和传统加工工艺相比,有哪些优点?

2. 简述电火花线切割的原理。